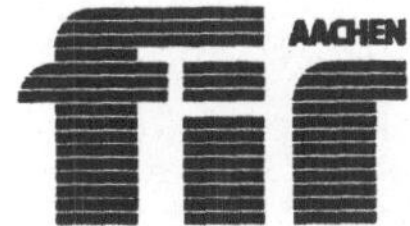

Forschung für die Praxis • Band 10

Berichte aus dem
Forschungsinstitut für Rationalisierung (FIR)
und dem Lehrstuhl und Institut
für Arbeitswissenschaft (IAW)
der Rheinisch-Westfälischen
Technischen Hochschule Aachen

Herausgeber: Prof. Dr.-Ing. R. Hackstein

M. Strack

Organisatorische Gestaltung einer zentralen Werkstattsteuerung

Mit 48 Abbildungen und Tabellen

Springer-Verlag
Berlin Heidelberg New York
London Paris Tokyo 1987

Dipl.-Ing. Marei Strack
Forschungsinstitut für Rationalisierung
an der Rheinisch-Westfälischen Technischen Hochschule, Aachen

Prof. Dr.-Ing. Rolf Hackstein
Inhaber des Lehrstuhls und Direktor des Instituts für Arbeitswissenschaft, Direktor des Forschungsinstituts für Rationalisierung an der Rheinisch-Westfälischen Technischen Hochschule Aachen

D 82 (Diss. TH Aachen)
Entwicklung von Entscheidungshilfen zur anforderungsgerechten Gestaltung einer zentralen Werkstattsteuerung.

ISBN-13:978-3-540-17570-4 e-ISBN-13:978-3-642-83037-2
DOI: 10.1007/978-3-642-83037-2

2160 / 3020 - 543210

Vorwort des Herausgebers

Die Mechanisierung und Automatisierung der industriellen Produktion hat in den vergangenen Jahren weiter ständig zugenommen. Begriffe wie "Flexible Fertigungssysteme", "Robotereinsatz" oder "CNC-Maschinen" sind einige Deskriptoren dieser Entwicklung. Mit steigender Komplexität der eingesetzten Anlagen, Maschinen und Verfahren erhöhen sich auch die Anforderungen an die Organisation des Zusammenwirkens von Mensch, Betriebsmittel und Material. Die Beherrschung und Verbesserung dieser Ablauforganisation wird mehr und mehr zum entscheidenden Faktor für einen erfolgreichen Einsatz moderner Produktionstechnologien.

Die Ablauforganisation in der Fabrik der Zukunft wird vom Einsatz der Informationstechnik geprägt sein, also der Technik von der Verarbeitung, Speicherung und Übertragung von Informationen. Die Informationstechnik basiert zunehmend auf dem Einsatz der elektronischen Datenverarbeitung (EDV).

Einen der Anwendungsschwerpunkte der Informationstechnik in der Ablauforganisation von Produktionsbetrieben bildet der Einsatz von Informationssystemen für die Planung und Steuerung von Produktionsabläufen einschließlich des Transports und der Lagerung. Der Erfolg solcher Informationssysteme ist in besonderem Maße davon abhängig, wie gut es gelingt, bei der Entwicklung und beim Einsatz der Systeme gleichermaßen sowohl die technisch-organisatorischen als auch die humanen (arbeitswissenschaftlichen) Aspekte zu berücksichtigen.

Gelingt es in der Bundesrepublik Deutschland nicht, die Informationstechnik in der Industrie auf breiter Front erfolgreich zur Anwendung zu bringen, dann ist - vor allem im produzierenden Gewerbe, das dem internationalen Wettbewerbsdruck in besonderem Maße unterliegt - nach einer von Prognos im Auftrag des BMFT durchgeführten Studie bis 1990 mit einem Verlust von rund 500.000 Arbeitsplätzen zu rechnen. Im Falle positiver Bewältigung dagegen wird eine Zunahme von rund 100.000 Arbeitsplätzen erwartet.

Während sich die technologische Entwicklung auf dem Hardware-Sektor äußerst rasant vollzieht, ist zu beobachten, daß zwischen der durch die Hardware gebotenen Möglichkeiten und der durch entsprechende Methoden und Programme (Software) realisierten Anwendungen eine immer größere Lücke entsteht, die als "Software-Lücke" bezeichnet wird.

Erfolge beim betrieblichen Einsatz können weiterhin aber auch nur dann erreicht werden, wenn der Mensch die o.g. Informationssysteme akzeptiert. Das aber gelingt nur, wenn der Mensch die sich ergebenden Veränderungen der Arbeitsanforderungen, Arbeitsaufgaben und Arbeitsplatzbedingungen positiv bewältigen kann. Da bisher zu wenig Beweglichkeit, Einfallsreichtum und Flexiblität bei der Entwicklung neuer Bedingungen für die Gestaltung der Arbeitszeit, des Arbeitsplatzes, des Arbeitskräfteeinsatzes, der Arbeitsorganisation u.ä. festzustellen ist, zeigt sich hier eine zweite, immer größer werdende Lücke, die vielfach als "Akzeptanz-Lücke" bezeichnet wird und die in ihren negativen Auswirkungen der "Software-Lücke" sicherlich nicht nachsteht.

Die Arbeiten der beiden vom Herausgeber geleiteten Institute, des Forschungsinstituts für Rationalisierung (FIR) in Aachen und des Lehrstuhls und Instituts für Arbeitswissenschaft der RWTH Aachen (IAW), sind daher darauf gerichtet, Beiträge zur Schließung der aufgezeigten Lücken zu leisten. Zur Umsetzung gewonnener Erkenntnisse wird die Schriftenreihe "FIR-Forschung für die Praxis" herausgegeben. Der vorliegende Band setzt diese Reihe fort.

Dem Verfasser danke ich für die geleistete Arbeit, dem Verlag für die Aufnahme dieser Schriftenreihe in sein Programm und allen anderen Beteiligten für ihren Beitrag zum Gelingen des Bandes.

Rolf Hackstein

Inhaltsverzeichnis

1. Einleitung und Zielsetzung

Viele Betriebe stehen heute vor dem Problem der Reorganisation der Produktionsplanung und -steuerung (PPS). Unabhängig davon, ob die Produktionsplanung überwiegend manuell oder mit Hilfe eines EDV-gestützten PPS-Systems erfolgt, erweist sich die Durchsetzung der Planungsvorgaben in zunehmendem Maße als Schwachstelle der Planung und Steuerung der Produktion. "Die Beseitigung der heute noch herrschenden Diskrepanz zwischen geplantem und realisiertem Produktionsablauf wird zukünftig immer mehr in den Vordergrund rücken" (HACKSTEIN 1984, S. 339). Daraus resultiert die Forderung nach einer leistungsfähigen Werkstattsteuerung. Hier überwiegt jedoch häufig noch die Improvisation, obwohl die Durchsetzung der Planung als entscheidendes Kriterium für die Qualität der Produktionsplanung und -steuerung längst erkannt ist.

Die Werkstattsteuerung allein durch die Führungskräfte in der Fertigung (Meister und Vorarbeiter) kann den hohen Anforderungen an eine wirkungsvolle Durchsetzung der Planungsvorgaben in vielen Fällen nicht genügen. Der Mangel an Koordination bei dieser Form der "Meisterwirtschaft" führt daher in der Regel zum Einsatz von Terminverfolgern ("Terminjägern"). In einer größeren Zahl vor allem kleinerer und mittlerer Betriebe, die nach dem Werkstättenprinzip fertigen, wird dagegen die zentrale Werkstattsteuerung durch einen Leitstand erfolgreich eingesetzt. Der Leitstand steuert und überwacht zentral die Werkstattaufträge und greift bei Störungen ein. Die zentrale Werkstattsteuerung durch einen Leitstand nimmt somit entscheidenden Einfluß auf die Organisation der Werkstattsteuerung.

Ursprünglich ist die Leitstandkonzeption durch manuelle, konventionelle Komponenten, wie z.B. Plantafel, Hängetaschenordner, optisch-akustische Kommunikationseinrichtung, gekennzeichnet. Der verstärkte Einsatz der EDV für Aufgaben der Produktionsplanung und -steuerung hat jedoch in den letzten Jahren zur Entwicklung von EDV-gestützten Hilfsmitteln zur Werkstattsteuerung bis hin zum vollelektronischen Leitstand geführt.

Diese Systeme ermöglichen durch eine Ankopplung an ein EDV-gestütztes Planungssystem und ein On-Line-Betriebsdatenerfassungssystem eine effiziente Steuerung der Fertigung auf der Basis aktueller Daten.

Aufgrund der hohen Anforderungen an Reaktionsvermögen und Flexibilität wird der manuellen Funktionserfüllung im Bereich der Werkstattsteuerung auch in Zukunft noch große Bedeutung zukommen (vgl. WIENDAHL 1982, S. 6; WILDEMANN 1982, S. 7). Gerade im Bereich der dispositiven Tätigkeiten ist der Mensch als Entscheidungsträger wegen seiner Erfahrung, Sachkenntnis und Kreativität einem Programmsystem überlegen, sofern die Quantität der Daten bestimmte Grenzen nicht überschreitet. Diese Erkenntnis hat zu dem Trend geführt, den Menschen wieder als Entscheidungsträger zu bestätigen, ihn aber durch einen gezielten EDV-Einsatz wirkungsvoll zu unterstützen (vgl. HACKSTEIN 1982, S. 35).

Die primäre Forderung im Zusammenhang mit der Gestaltung der Werkstattsteuerung ist demnach die Schaffung eines geeigneten Rahmens, der es den betreffenden Mitarbeitern ermöglicht, aufgrund aktueller Informationen Entscheidungen zu treffen, weiterzuleiten und ihre Ausführung zu überwachen. Dieser Rahmen wird durch die Organisationsform der Werkstattsteuerung gebildet. Die Gestaltung der Organisationsform wird wesentlich durch die Aufgabenverteilung, die organisatorischen Regeln zur Art der Aufgabendurchführung und die Auswahl der Hilfsmittel zur entscheidungsgerechten Informationsaufbereitung bestimmt.

Mögliche Organisationsformen einer zentralen Werkstattsteuerung durch einen Leitstand unterscheiden sich auch im Hinblick auf ihre Eignung bei unterschiedlichen betrieblichen Anforderungen. So zeichnet sich z.B. ein überwiegend konventionell gestalteter Leitstand vor allem durch einfache Bedienbarkeit und Übersichtlichkeit aus und bietet die Möglichkeit einer manuellen Simulation des Fertigungsablaufs mit geringem organisatorischen Aufwand (vgl. WILDEMANN 1982, S. 13). Ein EDV-gestützter Leitstand entlastet dagegen die Mitarbeiter von Routinetätigkeiten mit Wiederholcharakter, stellt jedoch an die Qualität der zu verarbeitenden Daten in bezug auf Vollständigkeit und Fehlerfreiheit höhere Anforderungen.

Zusammenfassend kann man feststellen, daß für das Aufgabengebiet der Werkstattsteuerung vor allem Flexibilität, Aktualität und Datensicherheit gefordert werden (vgl. HACKSTEIN 1984, S. 250). Vor diesem Hintergrund stellt die zentrale Werkstattsteuerung mit unterschiedlichen Gestaltungsmöglichkeiten aus konventionellen und EDV-gestützten Komponenten sowie einer Vielzahl möglicher Organisationsformen in vielen Fällen eine geeignete Lösung der Probleme der kurzfristigen Steuerung dar. Eine anforderungsgerechte und zugleich effiziente Gestaltung der Werkstattsteuerung erfordert jedoch die Kenntnis des betrieblichen Anforderungsprofils sowie die Beurteilung der Eignung verschiedener Organisationsformen (vgl. ROSCHMANN 1975, S. 328).

Ziel der vorliegenden Arbeit ist es daher, Entscheidungshilfen für die anforderungsgerechte Gestaltung einer zentralen Werkstattsteuerung zu erarbeiten. Dazu sollen die unterschiedlichen betrieblichen Anforderungen an die Werkstattsteuerung in Form von Anforderungsprofilen zusammengefaßt und verschiedenen Organisationsformen der Werkstattsteuerung gegenübergestellt werden. Die Anforderungsprofile und die Organisationsformen sollen auf der Basis der Vielzahl betrieblicher Erscheinungsformen in der Praxis mit Hilfe einer Typenbildung ermittelt werden. Als Maßstab für die Eignung einer Organisationsform bei unterschiedlichen Anforderungsprofilen dient dabei die Effizienz der Werkstattsteuerung.

2. Begriffsdefinitionen und funktionale Abgrenzung

2.1 Organisation

Aufgrund der Vielfalt unterschiedlicher Definitionen des Begriffs "Organisation" erscheint eine Begriffsbestimmung für diese Arbeit notwendig. Während der Begriff der Organisation in den Ingenieur- und Wirtschaftswissenschaften eher instrumental, d.h. als Instrument zur Erreichung der Ziele eines sozio-technischen Systems, verstanden wird, findet in der Soziologie ein eher institutionaler Begriff der Organisation, d.h. eine ganzheitliche Betrachtung des sozialen Systems, Anwendung (vgl. GROCHLA 1982, S. 1). Für die Untersuchung der Werkstattsteuerung soll jedoch die Funktionsausführung und sollen weniger die sozialen Beziehungen im Vordergrund stehen; demnach muß hier also der instrumentale Organisationsbegriff näher betrachtet werden.

Umfassende Zusammenstellungen der unterschiedlichen Definitionen des instrumentalen Organisationsbegriffs finden sich u.a. bei PAFFENHOLZ (1973, S. 8f), THOMAS (1979, S. 8) und BÄUMER (1981, S. 6), so daß an dieser Stelle auf einen derartigen Überblick verzichtet werden soll. Die beiden nachfolgenden Definitionen scheinen am ehesten geeignet, eine für die Analyse der Werkstattsteuerung anwendbare begriffliche Abgrenzung der Organisation zu treffen.

> "Organisation ist daher planvolle Mittelwahl zur Lösung einer Aufgabe ... Sie ist systematische, planvolle Zuordnung von Menschen und Sachen zum Zwecke geregelten Arbeitsablaufes, die Summe der Regelungen, innerhalb deren der Betriebsvollzug gestaltet wird" (MELLEROWICZ 1954, S. 119).

> "Organisation ist Mittel zum Zweck; sie schafft einen Rahmen von Regelungen, in dem sich die Entscheidungen und Handlungen vollziehen, die der Erreichung der kurz-, mittel- und langfristigen Ziele dienen" (BLOHM 1977, S. 12).

Die Abgrenzung zwischen Organisation und Improvisation ist in der Dauerhaftigkeit organisatorischer Maßnahmen im Gegensatz zu dem eher spontanen, nicht planvollen Charakter der Improvisation zu sehen. Mangelhafte Organisation ("Desorganisation") im Hinblick auf die Werkstattsteuerung äußert sich z.B. darin, daß

- die Organisation sich nicht an den betrieblichen Zielen orientiert,
- die interne Unternehmenssituation (kulturelle, soziale, psychologische Aspekte etc.) außer acht gelassen wird,
- die externe Umweltsituation (Absatzmarkt, Beschaffungsmarkt, Konkurr nz etc.) ungenügend berücksichtigt wird,
- die organisatorischen Regelungen unklar, in sich widersprüchlich, unvollständig oder nur mit Schwierigkeiten zu befolgen sind.

In den Ingenieurwissenschaften wird in der Regel nicht mit dem allgemeinen Begriff der Organisation gearbeitet, sondern der Begriff der Betriebsorganisation verwandt. "Betriebsorganisation ... umfaßt die Planung, Gestaltung und Steuerung von Arbeitssystemen mit dem Ziel der Schaffung eines wirtschaftlichen und humanen Betriebsgeschehens "(REFA MLPS Teil 1 1985, S. 12). Jener Aspekt der Betriebsorganisation, der den Arbeitsprozeß aufgabenmäßig strukturiert und sich also mit der Bildung funktionsfähiger Teilsysteme und deren Koordination beschäftigt, wird dabei als Aufbauorganisation bezeichnet. " 'Wer ist wofür zuständig?', ist die charakteristische Frage" (HACKSTEIN 1985, S. 9). Der andere Aspekt der Betriebsorganisation, der den Arbeitsprozeß zielerreichungsmäßig durch die zur Aufgabenerfüllung erforderlichen Arbeitsvorgänge strukturiert, wird dabei als Ablauforganisation bezeichnet. " 'Wie sollen die Aufgaben erfüllt werden?', ist hier die charakteristische Frage" (HACKSTEIN 1985, S. 9).

Die Betrachtung der Organisation der Werkstattsteuerung beinhaltet sowohl aufbauorganisatorische als auch ablauforganisatorische Aspekte. Im Rahmen der organisatorischen Gestaltung der Werkstattsteuerung müssen also sowohl die Aufgabenverteilung (Kompetenzsystem), als auch die organisatorischen Regelungen, die die zeitliche, räumliche und sachliche Aufgabenausführung festlegen, sowie die Hilfs- oder Organisationsmittel, die diese Ausführung und insbesondere die Kommunikation und Informationsverarbeitung betreffen, erfaßt werden.

Eine begriffliche Abgrenzung der zu untersuchenden organisatorischen Fragestellungen für diese Arbeit soll daher wie folgt getroffen werden:

> Die organisatorische Gestaltung der Werkstattsteuerung umfaßt die Bestimmung von Aufgabenträgern, die Festlegung von Regelungen und die Auswahl geeigneter Hilfsmittel im Hinblick auf eine zielgerichtete Durchführung der Aufgaben der Werkstattsteuerung.

2.2 Effizienz

Der in der Umgangssprache teilweise synonyme Gebrauch von Wirksamkeit, Effektivität und Effizienz verlangt eine begriffliche Klärung. Über die Berechtigung eines synonymen Gebrauchs besteht in der Literatur Unklarheit, was auch auf die spezifischen Unterschiede zwischen dem deutschen Sprachgebrauch und dem angelsächsischen zurückzuführen ist. So geht z.B. GZUK (1975, S. 12ff) von einer begrifflichen Identität der Effizienz und der Effektivität aus, während THOMPSON (1967, S. 86f) der Effizienz eine über die Effektivität hinausgehende Definition gibt. In Anlehnung an THOMPSON (1967, S. 86f) und HILL u.a. (1974, S. 161) soll daher die Abgrenzung zwischen Effektivität und Effizienz wie folgt getroffen werden:

- Effektivität ist die grundsätzliche Eignung einer Maßnahme, ein Ziel mit Hilfe dieser Maßnahme zu erreichen.
- Die Effizienz einer Maßnahme ist der Grad der Zielerreichung mit möglichst geringem Aufwand.

"Aufgrund einer Effektivitätsbetrachtung ist man daher nicht in der Lage, aus einer Menge von effektiven, d.h. grundsätzlich geeigneten Alternativen die bestgeeignete (effizienteste) Alternative auszuwählen. Dieser Sprung von der Effektivitätsbetrachtung auf eine höhere Stufe der Rationalität, auf der verschiedene Alternativen im Hinblick auf ihren relativen Beitrag zur Zielerreichung bewertet werden, ist erst durch die Effizienzbetrachtung vollziehbar" (FESSMANN 1980, S. 31).

In Übereinstimmung mit dem deutschen Sprachgebrauch sollen die Begriffe Effizienz und Wirksamkeit als inhaltlich identisch betrachtet werden. Eine weitere, in der Literatur häufig anzutreffende Gleichsetzung soll jedoch an dieser Stelle nicht gemacht werden. So gehen eine Reihe von Autoren von einer Gleichsetzung von Effizienz und Wirtschaftlichkeit aus (vgl. BROHM 1977, S. 500, SIEBIG 1980, S. 631). Diese Einengung der Betrachtung der Effizienz ausschließlich im Hinblick auf wirtschaftliche Größen erscheint jedoch dem Gegenstand der Arbeit nicht angemessen. Vielmehr soll Effizienz hier in Anlehnung an PIEPER (1982, S. 25), BÄUMER (1981, S. 32) und HARRMANN (1973, S. 1710) als globales Rationalitätsmaß verstanden werden, das über eine Betrachtung der Wirtschaftlichkeit hinausgeht und z.B. auch soziale Ziele berücksichtigt.

2.3 Werkstattsteuerung

2.3.1 Werkstattsteuerung im Rahmen der Produktionsplanung und -steuerung

Die Begriffsvielfalt im betrieblichen, aber auch im wissenschaftlichen Sprachgebrauch hat in den letzten Jahren mit dem parallelen Gebrauch sich teilweise überschneidender Begriffe wie Fertigungsplanung, Fertigungssteuerung, Arbeitsplanung, Arbeitsvorbereitung, Produktionsplanung und -steuerung sowie Werkstattsteuerung zu Verwirrungen geführt. Versuche, eine einheitliche Begriffsverwendung einzuführen, scheitern zusätzlich an teilweise gravierenden unterschiedlichen begrifflichen Definitionen einer Benennung.

Da die Werkstattsteuerung Bestandteil der Produktionsplanung und -steuerung (PPS) ist, sei hier eine Begriffsbestimmung der PPS und anschließend der Werkstattsteuerung vorangestellt.

Produktionsplanung und -steuerung umfaßt das Planen und Steuern der Produktionsbereiche Konstruktion, Arbeitsvorbereitung (im Sinne von Arbeitsplanung), Beschaffung und Fertigung. "Die Funktionen, die im Rahmen der Produktionsbereiche Konstruktion, Arbeitsplanung, Beschaffung und Fertigung (= Teilefertigung und Montage) ausgeführt werden, hat PPS nicht vom Standpunkt des technischen, technologischen oder geistigen Vorgangs (z.B. Erstellen eines Arbeitsplans oder Bearbeiten eines Werkstücks), sondern von ihrer organisatorischen Erfassung und Eingliederung in die technische Auftragsabwicklung zu erfüllen" (HACKSTEIN 1984, S. 4).

Es bleibt allerdings anzumerken, daß die PPS ihre Aufgaben für die Planung und Steuerung der Konstruktion und der Arbeitsplanung derzeit in aller Regel noch nicht oder nur unvollkommen erfüllt (vgl. HACKSTEIN 1984, S. 7).

Die Teilgebiete und Funktionsgruppen der PPS sind in Abbildung 2-1 dargestellt. Die Werkstattsteuerung als Teilgebiet der Produktionssteuerung übernimmt dabei die Durchsetzung der von der Produktionsplanung erstellten Planungsvorgaben in der eigenen Fertigung.

Die Funktionsgruppe Datenverwaltung wird beiden PPS-Teilgebieten zugeordnet, da alle Funktionsgruppen der PPS auf die produktionsbezogenen Daten zurückgreifen, die durch die Datenverwaltung verwaltet werden. Aufgabe der Produktionsprogrammplanung ist die Bildung des Produktionsprogramms an Erzeugnissen auf der Basis von Kundenaufträgen und/oder einem prognostizierten Bedarf nach Art, Menge und Termin sowie eine Grobplanung dieses Produktionsprogramms unter Berücksichtigung der Kapazitätssituation. Die anschließende Mengenplanung ermittelt anhand des Produktionsprogramms an Erzeugnissen den Bedarf an Teilen nach Art, Menge und Termin. Das Er-

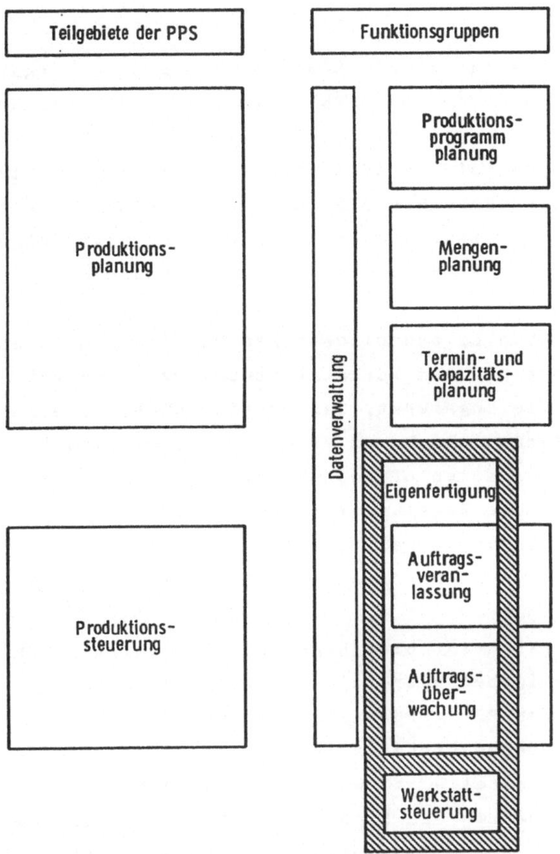

Abb. 2-1: Die Werkstattsteuerung im Rahmen der Produktionsplanung und -steuerung

gebnis der Mengenplanung ist einerseits das Fertigungsprogramm in Form von Werkstattaufträgen für die eigene Fertigung und andererseits Bestellvorschläge für den Einkauf. Im Rahmen der Termin- und Kapazitätsplanung werden die Werkstattaufträge entsprechend der Kapazitätsbelastung der benötigten Kapazitätseinheiten und dem Endtermin der jeweiligen Werkstattaufträge auf die Kapazitäten eingelastet. Die dabei ermittelten Termine stellen die Planungsvorgaben für die Werkstattsteuerung dar. Die Auftragsveranlassung und Auftragsüberwachung für die Eigenfertigung sind Aufgabe der Werkstattsteuerung (HACKSTEIN 1984, S. 248). Der Werkstattsteuerung obliegen damit die Verwaltung des Werkstattauftragsbestands, die kurzfristige detaillierte Bestimmung der Bearbeitungsreihenfolge an den einzelnen Arbeitsplätzen und alle weiteren Maßnahmen, die zur planmäßigen Abwicklung der Werkstattaufträge erforderlich sind.

Obwohl es sich im technisch-organisatorischen Sprachgebrauch eingebürgert hat von Werkstattsteuerung zu sprechen, sei an dieser Stelle angemerkt, daß es sich nicht um eine "Steuerung" sondern vielmehr um eine "Regelung" handelt. Während die Steuerung einen offenen Wirkungsablauf aufweist, bezieht das Prinzip der Regelung eine Kontrolle mit ein und strebt so die Erreichung eines vorgegebenen Sollwertes auch unter Einwirkung von Störgrößen an (vgl. HACKSTEIN 1985, S. 36 ff).

Abbildung 2-2 zeigt eine Regelkreisdarstellung der PPS, anhand derer insbesondere die Stellung der Werkstattsteuerung im Rahmen der PPS verdeutlicht werden soll. Die vom Absatzmarkt eingehenden Kundenaufträge werden von der Produktionsplanung in Bestell- und Werkstattaufträge umgesetzt. Diese Aufträge gehen in die Produktionssteuerung ein, der die Abwicklung der Bestellaufträge über den Beschaffungsmarkt und der Werkstattaufträge über die Fertigung obliegt. Der Teil der Produktionssteuerung, der sich mit den Werkstattaufträgen befaßt, wird als Werkstattsteuerung bezeichnet (vgl. NISSING/VIRNICH 1982, S. 76).

2.3.2 Funktionen der Werkstattsteuerung

Abbildung 2-3 verdeutlicht den ablauforganisatorischen Zusammenhang zwischen den einzelnen Aufgaben der Werkstattsteuerung wie sie im folgenden erläutert werden und ihre Schnittstellen zur Produktionsplanung.

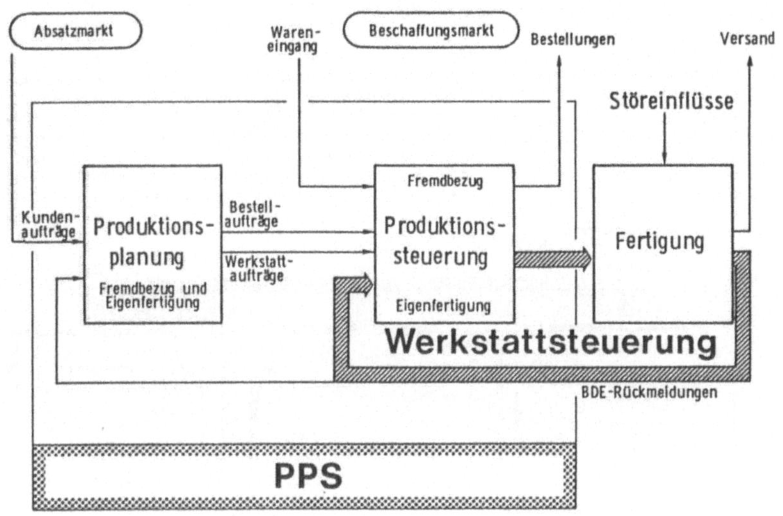

Abb. 2-2: Regelkreisdarstellung der PPS (in Anlehnung an NISSING/VIRNICH 1982, S.76)

Von der Produktionsplanung werden die Werkstattaufträge mit Soll-Mengen und Eckterminen versehen an die Werkstattauftragsverwaltung übergeben, der die Verwaltung und Aktualisierung des Werkstattauftragsbestandes sowie die Auftragsfreigabe obliegt. Die Freigabe kann nach unterschiedlichen Kriterien erfolgen, z.B. aufgrund der Verfügbarkeit des Rohmaterials oder unter Berücksichtigung einer vorgegebenen Belastungsschranke (vgl. WIENDAHL 1986, S. 34 f).

Die Erstellung der erforderlichen Unterlagen mit den zur Durchführung der Fertigung notwendigen auftragsabhängigen Informationen ist Aufgabe der Belegerstellung. Die Belegerstellung wird so spät wie möglich durchgeführt, damit eventuelle Änderungen noch vorgenommen werden können (vgl. HACKSTEIN/NISSING 1983, S. 107). Bei einer Werkstattsteuerung durch einen Leitstand können zwei Arten von Belegen unterschieden werden - Werkstattbelege und Dispositionsbelege (WIENDAHL 1983, S. 242 f). Die Werkstattbelege dienen der

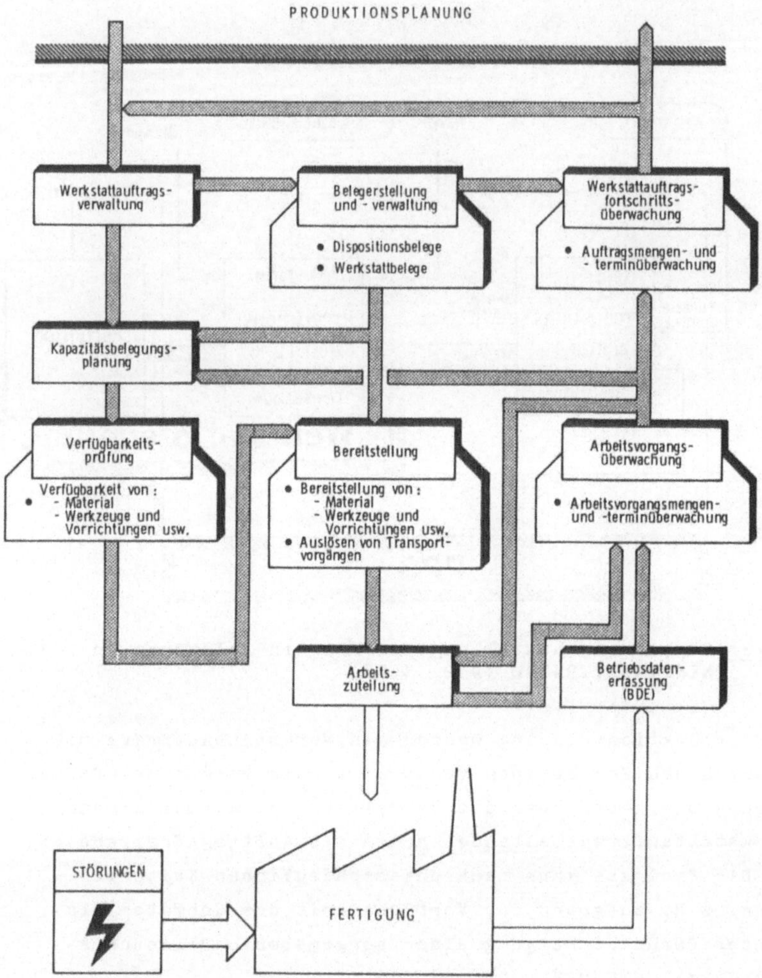

Abb. 2-3: Funktionen der Werkstattsteuerung

Information des Werkstattpersonal und umfassen in der Regel Laufkarte, Materialschein, Lohnscheine und Rückmeldescheine. Die Dispositionsbelege werden im Leitstand zur Steuerung und Überwachung der Werkstattaufträge eingesetzt. Dispositionsbelege sind in erster Linie die Terminkarte jedes Werkstattauftrags sowie die Planbelege der einzelnen Arbeitsvorgänge. Bei Bedarf werden auch zusätzliche Steuerbelege verwendet, die inhaltlich mit den Planbelegen identisch sind und ebenfalls die Belegungszeit eines Arbeitsplatzes durch den entsprechenden Arbeitsvorgang kenntlich machen (STRACK 1986, S. 36 f). Im Rahmen der Belegverwaltung werden die Belege bis zu ihrer Ausgabe an die Fertigung oder während des gesamten Fertigungsablaufes körperlich verwaltet.

Für die Werkstattsteuerung ist die periodenweise Einlastung der Werkstattaufträge, wie sie ein EDV-gestütztes Produktionsplanungssystem oder eine manuelle Produktionsplanung in der Regel liefert, nicht ausreichend. Darüberhinaus verlangt eine effiziente Durchführung der Werkstattsteuerung detaillierte und aktuelle Informationen über die Reihenfolge der Arbeitsvorgänge an den einzelnen Arbeitsplätzen und die voraussichtlichen Start- und Endtermine der Arbeitsvorgänge. Aufgabe der Kapazitätsbelegungsplanung ist daher die kurzfristige Zuordnung der einzelnen Arbeitsvorgänge der Werkstattaufträge zu Maschinen- und/oder Personalkapazität unter Berücksichtigung der aktuellen Belastungssituation der Kapazitätseinheiten sowie der Terminsituation der Werkstattaufträge. In einem Betrieb des Maschinenbaus beinhaltet diese Funktion in der Regel die kurzfristige Bestimmung der Bearbeitungsreihenfolge an den einzelnen Arbeitsplätzen oder Arbeitsplatzgruppen. Entsprechend den betrieblichen Anforderungen kann aber auch Personalkapazität betrachtet werden, wie dies z.B. typischerweise in der Holzmöbelindustrie notwendig ist. Der durch die Kapazitätsbelegungsplanung betrachtete Zeitraum kann abhängig von den betrieblichen Randbedingungen sinnvollerweise zwischen einer und sechs Wochen betragen.

Vor der Zuteilung eines Arbeitsvorgangs auf einen Arbeitsplatz sollte sichergestellt sein, daß alle für die Bearbeitung notwendigen Arbeitsmittel möglichst am Arbeitsplatz verfügbar sind. Die Verfügbarkeitsprüfung kann sich auf Material, z.B. Rohmaterial, die Werkstücke des Auftrags, Einzelteile für die Montage oder Werkzeuge und Vorrichtungen beziehen, aber sich je nach Bedarf auch auf weitere Objekte, wie z.B. Belege, Zeichnungen, Meßmittel und Steuerprogramme für NC-Maschinen, erstrecken. Die Verfügbarkeitsprüfung kann sich bei Bedarf auch auf unterschiedliche Bereitstellungsplätze beziehen, z.B. bei den Werkstücken des Auftrags auf den Arbeitsplatz und bei Meßmitteln und Werkzeugen auf eine arbeitsplatznahe Werkzeugausgabe.

Aufgabe der anschließenden Bereitstellung ist es, für eine Bereitstellung aller für die Durchführung der Fertigungsaufgabe notwendigen Arbeitsmittel zu sorgen und gegebenenfalls Transport- oder Lagervorgänge auszulösen. Die Bereitstellung kann in Abhängigkeit von dem betrachteten Objekt von unterschiedlichen Aufgabenträgern vorgenommen oder veranlaßt werden. So kann z.B. die Bereitstellung der Werkstücke des Auftrags vom Werker selber veranlaßt werden, die Bereitstellung von Werkzeugen und Vorrichtungen jedoch vom Meister oder Vorarbeiter. Bereitstellungsvorgänge können als Arbeitsvorgänge definiert werden und z.B. als Transportvorgang im Arbeitsplan enthalten sein.

Die Arbeitszuteilung führt die Zuteilung der einzelnen Arbeitsvorgänge auf den jeweils zur Bearbeitung bestimmten Arbeitsplatz durch. Sie bestimmt den Starttermin des Arbeitsvorgangs und stellt somit die Ausgangsdaten in Form von Soll-Daten für einen Soll-Ist-Vergleich zur Verfügung, den die Arbeitsvorgangsüberwachung durchführt. Diese Daten betreffen die augenblickliche Belegung der Arbeitsplätze und die voraussichtlichen Endtermine der in Arbeit befindlichen Arbeitsvorgänge.

Die für die Werkstattsteuerung relevanten Betriebsdaten sind einerseits Auftragsdaten (wie Anfang und Ende der Arbeitsvorgänge, gefertigte Stückzahl, sowie Unterbrechungen, Teilmengen, Gutstückzahl, Qualitätsdaten, Rüstzeiten und Zeiten für Gemeinkostenaufträge) und andererseits Maschinendaten (wie Anfang und Ende von Störungen und Stillständen, sowie Stillstandsgründe). Für die Werkstattsteuerung durch einen Leitstand spielt nicht nur die maschinelle Betriebsdatenerfassung (BDE) durch ein EDV-gestütztes BDE-System eine Rolle, sondern auch "manuelle" Rückmeldungen von Betriebsdaten an den Leitstand mit Belegen ohne vorherige oder anschließende maschinelle Verarbeitung und Rückmeldungen über eine Kommunikationseinrichtung. Im Anschluß an eine manuelle oder EDV-gestützte Erfassung der Betriebsdaten werden diese in den Funktionen Arbeitsvorgangsüberwachung und Werkstattauftragsfortschrittsüberwachung sowie weiteren Funktionen in und außerhalb der Werkstattsteuerung, z.B. der Kostenrechnung, verarbeitet.

Einen Vergleich der Soll-Daten der einzelnen Arbeitsvorgänge aus der Arbeitszuteilung mit den Ist-Daten aus der Betriebsdatenerfassung führt die Arbeitsvorgangsüberwachung durch und leitet im Falle einer Abweichung Steuerungsmaßnahmen ein. Dieser Soll-Ist-Vergleich wird sich in den meisten Fällen auf Mengen und Termine beziehen, kann aber gegebenenfalls auch weitere Daten, z.B. Qualitäts- oder Kostendaten, umfassen. Je nach Art und Umfang der durch den Soll-Ist-Vergleich festgestellten Abweichungen werden im Zuge von Steuerungsmaßnahmen weitere Funktionen der Werkstattsteuerung, z.B. die Arbeitszuteilung oder die Kapazitätsbelegungsplanung, angestoßen.

Die Werkstattauftragsfortschrittsüberwachung führt einen Soll-Ist-Vergleich auf der Ebene der Werkstattaufträge durch. Abweichungen gehen wiederum in weitere Funktionen der Werkstattsteuerung ein, in diesem Fall vornehmlich in die Werkstattauftragsverwaltung oder die Kapazitätsbelegungsplanung, oder führen zur Weiterleitung von Informationen an vorgelagerte Bereiche, z.B. den Vertrieb.

2.3.3 Zentrale Werkstattsteuerung, Leitstand

In der betrieblichen Praxis und der einschlägigen Literatur beschränkt sich die Betrachtung der organisatorischen Gestaltungsmöglichkeiten der Werkstattsteuerung derzeit im wesentlichen auf zwei grundsätzliche Alternativen (vgl. STREITFERDT 1979; WIENDAHL 1983, S. 238f). Abbildung 2-4 stellt in Form einer Prinzipskizze die dezentrale Werkstattsteuerung, wie sie heute in vielen Betrieben vorhanden ist und die auch als klassische "Meisterwirtschaft" bezeichnet wird, der zentralen Werkstattsteuerung durch einen Leitstand gegenüber.

Die dezentrale Werkstattsteuerung sieht eine Verteilung der Dispositionskompetenz auf die Führungskräfte in der Werkstatt - die Meister und Vorarbeiter - vor. Die Verwaltung und Steuerung derjenigen Arbeitsvorgänge, die seine Werkstatt betreffen, führt also der jeweilige Meister durch, wobei er gegebenenfalls gewisse Planungsvorgaben, z.B. in Form einer Arbeitsverteilerliste, erhält. Die bereichsübergreifende Koordination wird von Terminverfolgern - auch "Terminjäger" genannt - abgewickelt.

Bei einer zentralen Werkstattsteuerung wird die Verwaltung und Steuerung aller Werkstattaufträge dagegen von einer zentralen Stelle durchgeführt. Diese Zentrale, die in der Regel als Leitstand bezeichnet wird, nimmt auch eine Koordination der unterschiedlichen am Fertigungsablauf beteiligten Fertigungsbereiche vor. Dem Meister obliegen die Aufgaben der Menschenführung in der Werkstatt und alle technologischen Fragen sowie die Ausbildung. Grundlegende dispositive Entscheidungen trifft der Leitstand nach Beratung mit dem bzw. den betroffenen Meistern.

Die beiden dargestellten Möglichkeiten zur Organisation der Werkstattsteuerung sind jedoch als Extreme anzusehen, die in der beschriebenen idealtypischen Weise nur in wenigen Betrieben anzutreffen sind. Insbesondere der Ansatz einer zentralen Werkstattsteuerung durch einen Leitstand wird vielfach den speziellen betrieblichen Anforderungen angepaßt und ein Teil der Dispositionskompetenz den Führungskräften in der Werkstatt übertragen.

Obwohl sich zahlreiche Veröffentlichungen mit einer zentralen Werkstattsteuerung durch einen Leitstand in unterschiedlichen Erscheinungsformen auseinandersetzen (vgl. Kapitel 3.1), konnte keine eindeutige, praktikable Definition eines Leitstands gefunden werden. Vielmehr wird der Leitstand häufig

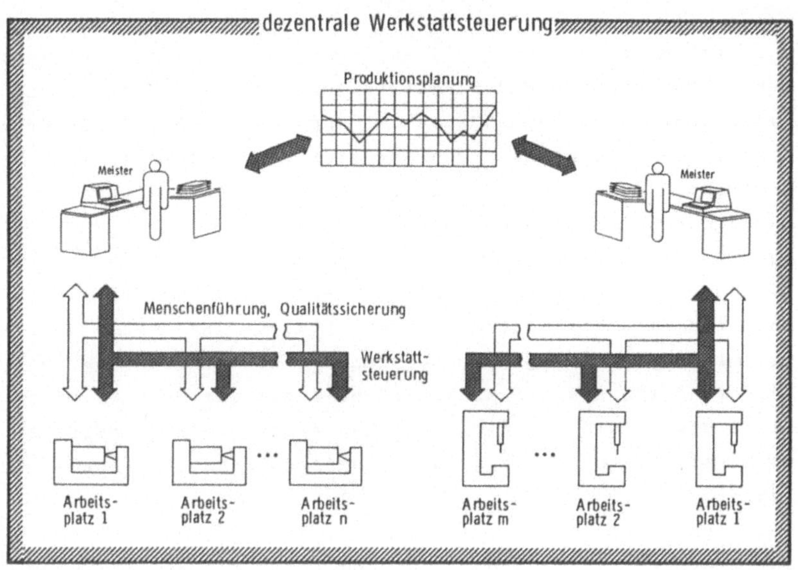

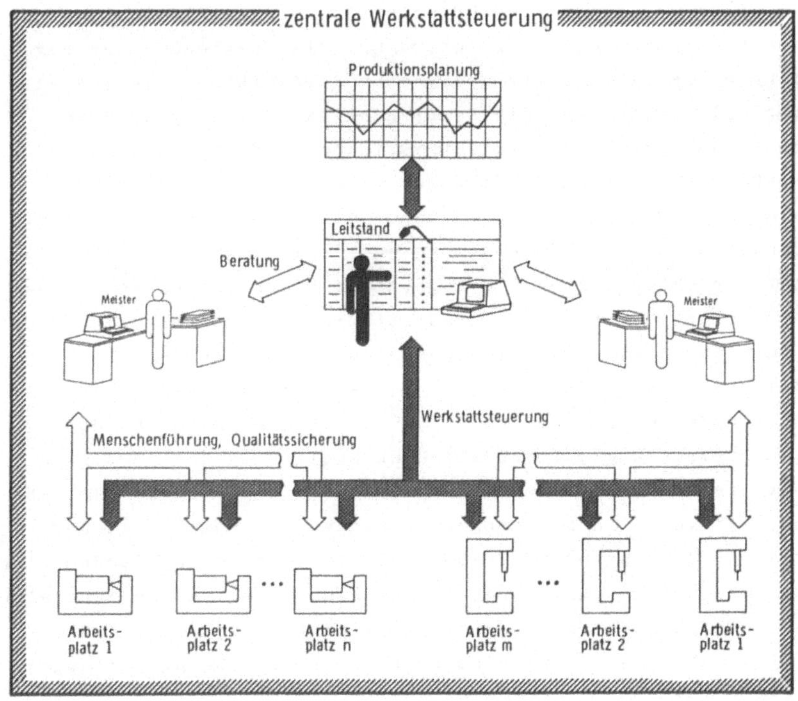

Abb. 2-4: Prinzipskizze der dezentralen und zentralen Werkstattsteuerung

mit bestimmten konventionellen Organisationsmitteln gleichgesetzt. Ausgehend von der Feststellung, daß die Einrichtung eines Leitstands jedoch entscheidenden Einfluß auf die Organisation der Werkstattsteuerung nimmt, soll deshalb eine begriffliche Abgrenzung der zentralen Werkstattsteuerung und damit des Leitstands getroffen werden.

Die durch den Leitstand repräsentierte Form der Werkstattsteuerung ist die zentrale Werkstattsteuerung. Daher sollen im folgenden die Begriffe zentrale Werkstattsteuerung und Leitstand synonym verwandt werden, wobei der Begriff Leitstand sowohl die organisatorischen Aspekte einer zentralen Werkstattsteuerung als auch die betriebliche Stelle beschreibt.

Gemäß der begrifflichen Abgrenzung für diese Arbeit gehört zu einer Gestaltung der Organisation der Werkstattsteuerung die Bestimmung der Aufgabenträger, die Festlegung der Regelungen und die Auswahl geeigneter Hilfsmittel. Die Auswahl der Hilfsmittel und die Festlegung der Regelungen müssen in Abhängigkeit von den betrieblichen Anforderungen an eine Werkstattsteuerung vorgenommen werden und Randbedingungen, wie das vorhandene Datenvolumen, die geforderte Genauigkeit der Steuerung und Überwachung sowie die gewünschte Aktualität berücksichtigen. Die Abgrenzung einer zentralen gegenüber einer dezentralen Werkstattsteuerung muß also in erster Linie durch eine Bestimmung der Aufgabenträger erfolgen. Zwischen den beiden Extremen einer vollständigen Zentralisierung aller Funktionen der Werkstattsteuerung und der Dezentralisierung auf verschiedene Stellen in der Fertigung existieren eine Vielzahl von abgestuften Lösungen, die den betrieblichen Anforderungen in sinnvoller Weise Rechnung tragen. Um diesen Spielraum nicht zu vermindern, werden hier nur diejenigen Funktionen als Kernfunktionen einer zentralen Werkstattsteuerung durch einen Leitstand definiert, deren effiziente Gestaltung eine zentrale Durchführung verlangt:

Eine zentrale Werkstattsteuerung ist dadurch gekennzeichnet, daß die Funktionen Werkstattauftragsverwaltung, Werkstattauftragsfortschrittsüberwachung und Kapazitätsbelegungsplanung von einer zentralen Stelle - dem Leitstand - durchgeführt werden.

3. Darstellung des Erkenntnisstandes

3.1 Arbeiten zur Werkstattsteuerung

Während die Fülle der Arbeiten zum Thema Produktionsplanung und -steuerung in den letzten Jahren stark zugenommen hat, nimmt sich die Anzahl - insbesondere wissenschaftlicher Arbeiten - die sich speziell mit den organisatorischen Aspekten der Werkstattsteuerung beschäftigen, eher bescheiden aus. Obwohl die Werkstattsteuerung Bestandteil der PPS ist, vernachlässigen Untersuchungen, die auf die gesamte PPS ausgerichtet sind, häufig gerade das Gebiet der kurzfristigen Planung und Steuerung der Produktion oder beschränken sich hier im wesentlichen auf die Funktion Betriebsdatenerfassung.

Die für die Thematik der zentralen Werkstattsteuerung relevanten Arbeiten lassen sich in drei Kategorien einteilen:

1.) Arbeiten, die sich mit konventionellen und EDV-gestützten Hilfsmitteln im Rahmen einer Leitstandkonzeption und dem Ablauf der Werkstattsteuerung befassen.
2.) Schilderungen von Praxislösungen und Anwendungsfällen und allgemeine Hinweise zur Gestaltung, Einführung und den erzielten Auswirkungen eines Leitstands.
3.) Wissenschaftliche Untersuchungen und Darstellungen zur Werkstattsteuerung.

Zu 1.:)

Die Arbeiten der 1. Kategorie reichen von Darstellungen einzelner konventioneller Hilfsmittel zur Werkstattsteuerung über die Beschreibung angebotener Leitstandsysteme bis hin zur Beschreibung des Ablaufs der Werkstattsteuerung in einem konventionellen oder EDV-gestützten Leitstand (vgl. HERRMANN 1975, MÜLLER 1982, PATER 1983, ROSCHMANN 1975, SÜSSENGUTH 1985, WIENDAHL 1983, STRACK 1985/1, STRACK 1985/2). Diese Arbeiten beschäftigen sich schwerpunktmäßig mit der Darstellung der eingesetzten Hilfsmittel im Leitstand (vgl. WIENDAHL 1983, S. 239-250) und behandeln somit die Problematik der organisatorischen Gestaltung eines Leitstands nicht oder nur am Rande.

Zu 2.:)

Stellvertretend für die Veröffentlichungen, die der 2. Kategorie zuzurechnen sind, können hier nur einige genannt werden. Schilderungen von Praxislösungen und Anwendungsfällen finden sich u.a. bei DAUB (1978), LOEWENHEIM (1981), MENSCH (1982), MENSCH (1983), MÜLLER (1984), SEEBER (1985), STARK (1985), WENZEL/BAUMANNS (1978). Die Schilderungen lassen über den jeweiligen Praxisfall hinaus wenig allgemeingültige Rückschlüsse zu, zeigen aber bereits, daß Leitstände in sehr unterschiedlichen Betrieben eingesetzt werden. Über den Einzelfall hinaus erscheinen die von SEEBER (1985) und STARK (1985) geschilderten Anwendungen interessant, da sie die zukünftigen Einsatzmöglichkeiten der EDV im Rahmen der Werkstattsteuerung aufzeigen.

Das von SEEBER (1985) beschriebene Fallbeispiel stammt aus der Großteilefertigung und befaßt sich mit der Kapazitätsbelegungsplanung über einen interaktiven, grafischen Bildschirm. Das spezielle Mengengerüst des betrachteten Fertigungsbereichs macht jedoch die begrenzte Anwendungsbreite sichtbar: Die 10 termingesteuerten Arbeitsplätze werden mit Arbeitsvorgängen belegt, die im Durchschnitt 12 Stunden dauern. Das als Leitstand bezeichnete System wird daher vielmehr als Betriebsdaten-Erfassungs- bzw. Verarbeitungssystem und zur Projektsimulation in einem besonders kritischen Fertigungsbereich eingesetzt. Folgende Erfahrungen aus diesem Projekt verdienen besondere Beachtung (SEEBER 1985, S. 218):

- Interaktive, grafische Systeme sind im Bereich der Werkstattsteuerung nicht für die Verarbeitung von Massendaten geeignet.

- Die dialogorientierte Werkstattsteuerung mit den Eingriffs- und Entscheidungsmöglichkeiten durch den Fertigungssteuerer erfordert hochqualifiziertes Personal mit Produkt- und Fertigungskenntnissen und die Zusammenarbeit der Mitarbeiter aus Fertigungssteuerung und Werkstatt.

Eine ausführliche Schilderung der Konzeption dieses "elektronischen" Leitstands anhand eines Labormodells, auf dem das beschriebene Fallbeispiel aufbaut, findet sich bei ALDINGER (1984). Das geschilderte Konzept sieht einen Ausbau in folgenden Stufen vor:

Ausbaustufe 1: Datenverwaltung
Ausbaustufe 2: Betriebsdatenerfassung
Ausbaustufe 3: Zustandsdarstellung und Ablaufüberwachung
Ausbaustufe 4: Planungsaufgaben
Ausbaustufe 5: Automatische Störreaktion

Da eine automatische Störreaktion noch nicht befriedigend gelöst werden kann, läßt sich das System z.Z. nur bis zur 4. Ausbaustufe realisieren, und die Konzeption ist somit eher als "elektronische" Plantafel zu verstehen.

Vorteile gegenüber konventioneller Plantafel:
- keine speziellen Dispositionsbelege nötig (Planbelege),
- hoher manueller Aufwand für das Stecken der Belege entfällt,
- beliebige Maschinen können zu einer gemeinsamen Anzeige auf dem Bildschirm zusammengefaßt werden,
- bestimmte Plausibilitätskontrollen (z.B. Reihenfolge der Arbeitsvorgänge) führt der Rechner automatisch durch,
- bei Kopplung an ein PPS-System können Plandaten für Umplanungen herangezogen werden.

Nachteile:
- beschränkte Darstellungsmöglichkeiten und stark eingeschränkter Überblick durch Monitorgröße,
- ständig wechselnder Bildausschnitt behindert visuelle Informationsaufnahme.

Das zweite Fallbeispiel (STARK 1985) stammt aus der Halbleiterfertigung und schildert ebenso wie das erste eine Pilotanwendung. In diesem Fall steht die EDV-Unterstützung für die Arbeitszuteilung sowie für die Betriebsdatenerfassung im Vordergrund. Ausgehend von einer konventionellen Leitstandkonzeption mit Kommunikationseinrichtung wurde für jeden Arbeitsplatz ein Kleinterminal mit Display-Anzeige und Tastatur installiert. Über dieses Terminal kann der Werker die auf seinen Arbeitsplatz zugeteilten Arbeitsvorgänge abfragen und die Eingabe von Daten (Arbeitsvorgang-Ende, Gutstückzahl, Störung etc.) durchführen. Die Kapazitätsbelegungsplanung und Zuteilung auf den einzelnen Arbeitsplatz nimmt der Fertigungsleitrechner bei manueller Eingriffsmöglichkeit durch das Steuerungspersonal vor. Der Vorteil dieser Konzeption liegt in dem geringen Aufwand für eine kurzfristige Arbeitszuteilung sowie der hohen Aktualität der Rückmeldungen.

Über den einzelnen Praxisfall hinausgehende grundsätzliche Überlegungen zur Einführung eines Leitstands und zu den damit verbundenen Arbeitsschritten stellen SIMON (1980) und KACHELMANN (1981) an. Diesen Überlegungen liegen praktische Erfahrungen zugrunde, denen jedoch eine übergreifende Systematik fehlt.

Der Einsatzbereich eines Leitstands wird von MAZUMDER (1975) beleuchtet. Die aufgestellten Feasibility-Überlegungen betrachten die Einsatzmöglichkeit bzw. den zu erwartenden Nutzen anhand von fünf Einflußgrößen, wie in Abbildung 3-1 dargestellt. Eine Anwendung der Ergebnisse ist jedoch insofern schwierig, als die Höhe der beiden Größen "Flußfaktor" und "Flußzahl" durch die Effizienz der Werkstattsteuerung beeinflußt wird.

Mit den nicht quantifizierbaren Auswirkungen der Einführung eines Leitstands befaßt sich MENSCH (1984). Die aufgestellten Nutzwertprofile basieren auf einer Befragung von Leitstandanwendern nach Erreichung und Gewichtung von Nutzengrößen, die mit der Einführung des Leitstands erzielt wurden.

Die Betriebe maßen demnach folgenden Auswirkungen den größten Nutzwert bei:

1. Kontrollmöglichkeit der Termineinhaltung,
2. Informationsfluß im Terminwesen,
3. Generelle Sicherheit bezüglich zu erteilender Auskünfte,
4. Sicherheit von Terminzusagen nach außen,
5. Verringerung der Belastung der Führungskräfte auf der Meisterebene für Terminverantwortung,
6. Aktualitätsgrad der Termine,
7. Sicherheit von Terminzusagen nach innen.

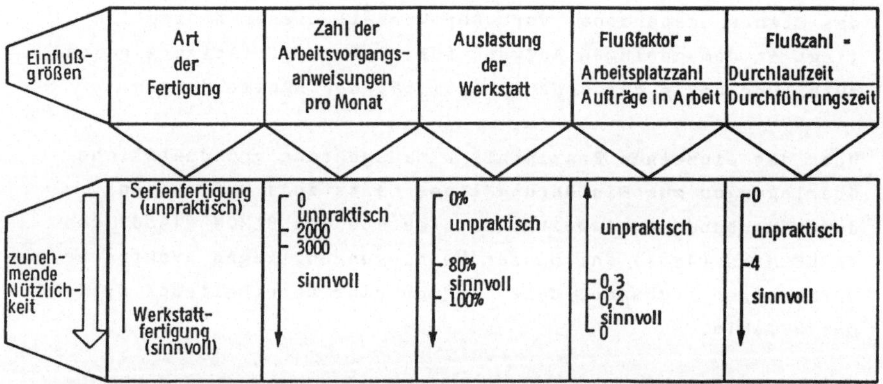

Abb. 3-1: Einflußgrößen zur Bestimmung des Einsatzbereichs eines Leitstands
(In Anlehnung an: MAZUMDER 1975, S. 562)

Zu 3.:)

Aus der Gruppe der wissenschaftlichen Arbeiten befassen sich vor allem BENDEICH (1974), BENDEICH (1975/1, 1975/2) sowie BENDEICH/DAUSER (1977) mit den unterschiedlichen organisatorischen Gestaltungsmöglichkeiten der Werkstattsteuerung. Die Werkstattsteuerung wird hierbei als kurzfristige Fertigungssteuerung bezeichnet und die zentrale Werkstattsteuerung unter dem Begriff "Zentrale Arbeitsverteilung" subsumiert. Für die Funktionen Arbeitsverteilung und Rückmeldung werden Gestaltungsalternativen auf der Basis charakteristischer Merkmale gebildet. Die Alternativen zur Arbeitsverteilung werden anhand der charakteristischen Merkmale

- Dispositionskompetenz,
- Informationsfluß und
- Materialfluß

gebildet. Die für die Organisation der Rückmeldung ermittelten Merkmale sind

- Rückmeldeinformationsfluß,
- Erfassungsort und
- Personal mit Erfassungsfunktion.

Eine Betrachtung der Verträglichkeit der unterschiedlichen Möglichkeiten zur Gestaltung der Arbeitsverteilung und der Rückmeldung führt zu Gesamtkonzeptionen (Organisationsformen) für die Werkstattsteuerung.

Obwohl die systematische Darstellung der unterschiedlichen Organisationsmöglichkeiten Rückschlüsse auf mögliche, anforderungsgerechte Organisationsformen der zentralen Werkstattsteuerung zuläßt, ist eine Übertragung der Erkenntnisse auf die Problemstellung der vorliegenden Arbeit aus zwei Gründen nicht möglich. Erstens werden nicht alle Funktionen der Werkstattsteuerung und auch nur einige spezielle, organisatorisch relevante Einflußgrößen betrachtet und zweitens werden die ermittelten Organisationsformen nicht mit betrieblichen Anforderungen an die Werkstattsteuerung in Beziehung gesetzt.

Eine von der Systematik ähnlich aufgebaute Arbeit stammt von GENTNER (1982), der verschiedene Systemmodelle zur kurzfristigen Fertigungssteuerung vorstellt, wobei der Begriff der kurzfristigen Fertigungssteuerung mit dem hier zugrundegelegten Begriff der Werkstattsteuerung gleichgesetzt werden kann. Die drei verwendeten Variablen "Systemebene" zur Angabe des

Dezentralisierungsgrades, "Teilfunktion" für die Festlegung der einzelnen Tätigkeiten und "EDV-Einsatzstufe" als Maß für die Automatisierung machen jedoch deutlich, daß das Schwergewicht dieser Untersuchung auf der EDV-systemtechnischen Betrachtung der Werkstattsteuerung liegt. In einer weiteren Arbeit beschreibt GENTNER (1983) eine Vorgehensweise zur Ermittlung von Anforderungen an betriebliche Informationssysteme, speziell zur Werkstattsteuerung. Eine Ausweitung der Betrachtungen auf organisatorische Gesichtspunkte ist aber auch hier nicht durchgeführt worden.

Einen Überblick über die bekannten Ziele, Funktionen, Methoden und Organisationsformen der Werkstattsteuerung gibt WILDEMANN (1982). Diese Bestandsaufnahme liefert jedoch keine konkreten Hinweise zur anforderungsgerechten Gestaltung der Werkstattsteuerung.

Eine typologische Betrachtung der betrieblichen Anforderungen an eine Werkstattsteuerung durch einen Leitstand stellt GROSS-HARDT u.a. (1985) vor und ermittelt sieben Betriebstypen, für die der Einsatz eines Leitstands möglich ist. Die Einteilung erfolgt aufgrund von vier Merkmalen: Anzahl der Fertigungsstufen, Auftragszusammensetzung, Fertigungsart und Anzahl der Arbeitsvorgänge im Arbeitsplan. Eine über diese Betriebstypenbildung hinausgehende Zuordnung unterschiedlicher Organisationsformen der Werkstattsteuerung oder konkrete Gestaltungshinweise werden nicht gegeben.

Ein wichtiger Ansatz zur Verbesserung der Organisation der Werkstattsteuerung ist die Betrachtung der Schwachstellen. Abbildung 3-2 zeigt daher eine Auswertung der einschlägigen Literatur im Hinblick auf Schwachstellen der Werkstattsteuerung (vgl. BRANKAMP 1979, ELLINGER/WILDEMANN 1978, HACKSTEIN 1984, LIENERT 1981, SIMON 1980, WIENDAHL 1982). Diese Aufstellung macht deutlich, daß ein großer Teil der Schwachstellen im Bereich der Werkstattsteuerung auf zwei Hauptursachen zurückgeführt werden kann:

SCHWACHSTELLEN DER WERKSTATTSTEUERUNG

ALLGEMEINE SCHWACHSTELLEN:

- Organisatorische Zuständigkeiten sind nicht abgestimmt.
- Personelle Abhängigkeiten.
- Belastung der Führungskräfte in der Fertigung mit Terminproblemen.
- Zu viele Aufträge in der Fertigung.
- Große Anzahl von Eilaufträgen.
- Kein Soll-Ist-Vergleich.
- Fehlerhafte und/oder unvollständige Arbeitspläne bzw. Stücklisten.
- Mangelnde Koordination zwischen AV, Betrieb, Materialwirtschaft, Konstruktion, Verkauf führt zu Reibungsverlusten.
- Beschleunigung eines Auftrags hängt vom persönlichen Durchsetzungsvermögen ab (Terminjäger).
- Improvisation, Hektik, Unruhe und ungeplantes Handeln kennzeichnen die Situation in der Fertigung.

INFORMATIONSSYSTEM:

- Zu viele Informationen für den Benutzer, die er nicht verarbeiten kann.
- Bereitgestellte Informationen decken den Informationsbedarf nicht ab.
- Benutzer muß zu viele Entscheidungen treffen.
- Zu geringer/zu hoher Freiheitsgrad für den Benutzer.
- Keine einheitliche Definition für die in den Vorgaben enthaltenen Größen.
- Zu viele und/oder nicht aktuelle Karteien bzw. Dateien.

WERKSTATTAUFTRAGSVERWALTUNG UND BELEGERSTELLUNG UND -VERWALTUNG:

- Hoher manueller Aufwand für Verwaltung der Werkstattaufträge.
- Belegerstellung erfolgt zu früh.
- Ausgegebene Belege werden bei technischen und/oder organisatorischen Änderungen nicht korrigiert.

KAPAZITÄTSBELEGUNGSPLANUNG:

- Kurzfristige Kapazitätsbelegungsplanung fehlt.
- Terminierung ohne Berücksichtigung der Kapazitätsgrenzen.
- Verfügbare Kapazität unbekannt.
- Aktuelle Kapazitätsauslastung unbekannt.
- Übergeordnete Reihenfolgekriterien fehlen.
- Keine vorausschauende Belegungsplanung (ad hoc Steuerung).
- Keine Abstimmung mit der Kapazität der Folgekostenstelle.
- Rückstände führen nicht zu Plankorrekturen.
- Zu geringer Planungshorizont.
- Bei kurzfristigen Umplanungen wegen Störungen sind die Folgen unbekannt.
- Kontrollvorgänge erfolgen ungeplant.
- Häufiges Ändern der geplanten Auftragsreihenfolge durch das Maschinenbedien- oder Fertigungssteuerungspersonal.
- Zuordnung der Aufträge zu den Maschinen nach Rüstaufwand und ohne Berücksichtigung der gesamten Auslastung und Terminsituation.
- Bildung willkürlicher Teillose (z.B. durch Splitten oder Überlappen).
- Aufträge werden nicht nach ihrer Priorität sondern entsprechend den Anmahnungen eingeplant.

VERFÜGBARKEITSPRÜFUNG, BEREITSTELLUNG UND ARBEITSZUTEILUNG:

- Bei der Arbeitszuteilung ist die Verfügbarkeit von Werkzeugen, Vorrichtungen, Material nicht bekannt.
- Arbeitszuteilung erfährt Arbeitsvorgangsende zu spät, dadurch Verzüge bei der Zuteilung neuer Aufträge.
- Arbeitszuteilung kennt Zeitpunkt des Arbeitsvorgangsendes nicht im vorhinein, darum schlechte Vorbereitung neuer Aufträge.
- Vorziehen von Aufträgen mit günstigem Zeitgrad für den Arbeiter.
- Warteschlange vor der Maschine wird nach willkürlichen Kriterien abgearbeitet.

BETRIEBSDATENERFASSUNG, ARBEITSVORGANGSÜBERWACHUNG UND WERKSTATTAUFTRAGSFORTSCHRITTSÜBERWACHUNG:

- Keine aktuelle Information über die Betriebssituation.
- Keine aktuelle, kontinuierliche Überwachung des Werkstattauftragsbestandes (z.B. durch zu langsamen Datenfluß).
- Arbeitsvorgangsanfang und/oder Arbeitsvorgangsende wird nicht oder unvollständig gemeldet, so daß unnötige Anmahnungen bzw. Scheinrückstände.
- Keine systematische Überwachung von Terminverzügen.
- Kein Bezug zu gefährdeten Lieferterminen (kundenbezogen).
- Verzüge werden zu spät erkannt, wegen zu langer Planungszyklen oder zu großer Abstände zwischen den Meldepunkten.

Abb. 3-2: Schwachstellen der Werkstattsteuerung

- eine ungünstige Aufbauorganisation bzw. nicht abgestimmte Zuständigkeiten und Verantwortungsbereiche und
- fehlende Aktualität und Vollständigkeit von Daten über den Fertigungsablauf

Die große Bedeutung der Aktualität von Rückmeldungen wird auch von NISSING/VIRNICH (1982, S. 76) betont, die die Werkstattsteuerung als geschlossenen Regelkreis betrachten, für den "Flexibilität, Aktualität und Datensicherheit gefordert werden". Diese Forderungen werden sich aber auch in Zukunft nicht durch EDV-technische Maßnahmen allein realisieren lassen, sondern erfordern das Eingreifen des Menschen (vgl. BRANKAMP/GRÄSSLER 1984, WIENDAHL 1982) und somit eine anforderungsgerechte organisatorische Gestaltung der Werkstattsteuerung.

Zusammenfassend bleibt festzustellen, daß sich zwar eine Reihe von Arbeiten mit der Problematik der Werkstattsteuerung befassen - insbesondere unter dem Aspekt eines produktionsnahen EDV-Einsatzes -, fundierte Aussagen über die unterschiedlichen betrieblichen Anforderungen an die Werkstattsteuerung und eine entsprechende organisatorische Gestaltung jedoch bislang fehlen.

3.2 Methodische Lösungsansätze

Die Vielzahl unterschiedlicher betrieblicher Erscheinungsformen in der Praxis erschwert die Bestimmung geeigneter Organisationsformen auf überbetrieblicher Ebene. Zur Lösung dieses Problems bietet sich die Verdichtung sowohl der betrieblichen als auch der organisatorischen Einzelfälle zu repräsentativen Vertretern durch eine typologische Betrachtung an. Diese repräsentativen Vertreter werden als "Typen" bezeichnet, wobei ein Typ eine Erscheinungsform ist, die auf der Grundlage sinnvoller Abstraktion und Differenzierung durch wesentliche Merkmalsausprägungen definiert wird, die den vielfältigen realen Erscheinungsformen des Untersuchungsbereichs gemeinsam sind (GROßE-OETRINGHAUS 1974, S. 27).

Für die dieser Arbeit zugrundeliegende Problemstellung erscheinen typologische Ansätze zu folgenden Themenkreisen aufschlußreich:

- Typologisierung des Fertigungsprozesses (vgl. SCHÄFER 1969 und 1971, GROßE-OETRINGHAUS 1974).
- Betriebstypenbildung im Hinblick auf die Anforderungen an die Produktionsplanung und -steuerung oder Teilbereichen davon (vgl. ELLINGER/WILDEMANN 1978, HAMMER u.a. 1979, RABUS 1980, ROSCHMANN 1980, SCHOMBURG 1980, GERLACH 1983, HACKSTEIN/SPEITH 1983).
- Typologisierung von EDV-gestützten Produktionsplanungs- und -steuerungssystemen (vgl. WIESE 1977, SPEITH 1982).
- Typologische Betrachtung von Organisationsformen (vgl. PAFFENHOLZ 1973, BÄUMER 1981, PIEPER 1982, BUSCHOLL 1983).

Die Arbeit von GROßE-OETRINGHAUS (1974), die sich mit Fertigungstypologie befaßt, stellt eine umfassende und grundsätzliche Betrachtung zur Methode der Typologie dar. Insbesondere die Problematik der Auswahl entscheidungsrelevanter Merkmale und verschiedener Möglichkeiten zur Typenbildung wird ausführlich behandelt. Diese Typologie beschränkt sich jedoch auf eine rein theoretische Betrachtung, die nicht durch empirische Untersuchungen erhärtet wird.

Ansätze zur Typologisierung von betrieblichen Erscheinungsformen, die über eine Erfassung des Fertigunsgprozesses hinausgehen, sind in den letzten Jahren vor allem im Zusammenhang mit der Gestaltung und Einführung von EDV-gestützten Produktionsplanungs- und -steuerungssystemen bekannt geworden. ELLINGER/WILDEMANN (1978), HAMMER u.a. (1979) sowie ROSCHMANN (1980) beschränken sich auf die Darstellung typologischer Merkmale, die die betrieblichen Anforderungen an die Produktionsplanung und -steuerung erfassen. Die Auswahl der als relevant erachteten Merkmale basiert dabei in der Regel auf der Erfahrung der Verfasser. Eine vollständige Typenbildung wird dagegen von RABUS (1980) und SCHOMBURG (1980) durchgeführt.

Die von RABUS entwickelten Betriebstypen repräsentieren die betrieblichen Anforderungen an die EDV-technischen Hilfsmittel und die Durchführungshäufigkeit der Aufgaben der Produktionsplanung und -steuerung (von RABUS als "Fertigungssteuerungsaufgaben" bezeichnet). Die Anforderungsermittlung als grundlegender Schritt für eine systematische Gestaltung EDV-gestützter Produktionsplanungs- und -steuerungssysteme wird auch durch die von SCHOMBURG aufgestellte Betriebstypologie unterstützt. Mit Hilfe eines typologischen Grundmusters aus acht Merkmalen leitet SCHOMBURG typische betriebliche Strukturen in Form von 18 Betriebstypen logisch her. Diese Betriebstypen konnten anschließend durch eine breitangelegte Datenerhebung als Vertreter charakeristischer Erscheinungsformen empirisch untermauert werden. Die Arbeit von SCHOMBURG ist als wichtiger Schritt auf dem Wege zur Systematisierung einer anforderungsgerechten Gestaltung der Produktionsplanung und -steuerung insgesamt zu sehen, die jedoch durch die Beschränkung auf acht Merkmale mit drei bis vier Ausprägungen ein hohes Maß an Abstraktion verlangt und für eine detaillierte Betrachtung der Anforderungen an die Werkstattsteuerung nicht ausreichend ist. Die praktische Anwendung der von SCHOMBURG entwickelten Betriebstypen im Rahmen eines Verfahrens zur Beurteilung und Auswahl von PPS-Systemen beschreiben HACKSTEIN/SPEITH (1983).

Sechs der acht von SCHOMBURG gewählten Merkmale liegen auch der Bildung von Auftragsabwicklungsprofilen bei GERLACH (1983) zugrunde. Die vier ermittelten Profile repräsentieren die betrieblichen Anforderungen an die technische Auftragsabwicklung und stellen die Grundlage für die Entwicklung von profilspezifischen Gestaltungsrichtlinien für eine zentrale Auftragsplanung und -steuerung dar.

Eine Einteilung EDV-gestützter Produktionsplanungs- und -steuerungssysteme (bezeichnet als "Fertigungssteuerungssysteme") nimmt WIESE (1977) vor. Anhand der beiden Klassifizierungsmerkmale "Planungsfrequenz" und "Freiheitsgrad der Durchführung", die sich auf die Aufgaben der Produktionsplanung und -steuerung beziehen, definiert WIESE neun Grundtypen EDV-gestützter Produktionsplanungs- und -steuerungssysteme.

Auf diesem Ansatz aufbauend erweitert SPEITH (1982) die Klassenbildung durch eine empirische Ermittlung von Planungs- und Durchsetzungssystemklassen. Als Gestaltungselemente eines Produktionsplanungs- und -steuerungssystems (PPS-Systems) betrachtet SPEITH sowohl "Hilfsmittel" (diverse konventionelle Hilfsmittel sowie EDV) als auch "Regelungen". Bei den "Regelungen" lassen sich "Ausführungsvorschriften" und "Verfahren und Methoden" unterscheiden. Die Ausführungsvorschriften werden beschrieben durch den "Automatisierungsgrad", die "Ausführungsfrequenz", den "Freiheitsgrad bei der Durchführung" und den "Ort der Funktionsausführung". Die "Verfahren und Methoden" gliedern sich in "Verarbeitungsart" (d.h. Echtzeit- oder Stapelverarbeitung), "Simulationsmöglichkeit" und "Berechnungsverfahren" (d.h. Neuaufwurf oder Änderungsrechnung). Die gefundenen PPS-System-Klassen stellt SPEITH betrieblichen Anforderungsprofilen gegenüber, die aus den von SCHOMBURG (1980) entwickelten Betriebstypen abgeleitet wurden. Die Arbeit von SPEITH ist somit in erster Linie auf die Auswahl einer Klasse von EDV-gestützten PPS-Systemen ausgerichtet. Über die Software-Auswahl hinausgehende Rückschlüsse auf die anforderungsgerechte, organisatorische Gestaltung der Produktionsplanung und -steuerung oder speziell der Werkstattsteuerung läßt die Arbeit hingegen nicht zu.

Die vierte Gruppe näher zu betrachtender Arbeiten wird durch typologische Untersuchungen organisatorischer Fragestellungen gebildet. Die Arbeit von PAFFENHOLZ (1973), die sich mit der quantitativen Analyse arbeitsorganisatorischer Strukturen befaßt, geht insbesondere ausführlich auf die Problematik der Quantifizierung organisatorischer Größen ein. BÄUMER (1981), PIEPER (1982) und BUSCHOLL (1983) befassen sich mit der Analyse von Organisationstypen für den Lager- und Kommissionierbereich. Die ermittelten Organisationstypen werden dabei betrieblichen Anforderungstypen gegenübergestellt und über einen Vergleich von Effizienzkriterien zugeordnet. Obwohl diese Arbeiten thematisch nicht den Bereich der Werkstattsteuerung berühren, bildet die in diesen Arbeiten gewählte Vorgehensweise einen guten Ansatzpunkt für die Bearbeitung der vorliegenden Fragestellung.

4. Vorgehensweise zur Entwicklung von Entscheidungshilfen zur anforderungsgerechten Gestaltung einer zentralen Werkstattsteuerung

4.1 Methodik der Vorgehensweise

Für die Untersuchung der vorliegenden Problemstellung soll der situative Ansatz der vergleichenden Organisationsforschung zugrunde gelegt werden. Der situative Ansatz verfolgt nicht das Ziel, allgemeingültige Organisationsprinzipien aufzustellen, sondern Wirkzusammenhänge zwischen Organisationsstruktur, Verhalten der Organisationsmitglieder, Effizienz der Organisation und der jeweils spezifischen Situation aufzudecken. Die Unterschiede realer Organisationsstrukturen werden auf unterschiedliche Situationen zurückgeführt (vgl. BÄUMER 1981, S. 21). Die zentrale These situativer Ansätze lautet daher (STAEHLE 1979, S. 218):

"Es gibt nicht eine generell gültige, optimale Handlungsalternative sondern mehrere situationsbezogen angemessene."

Die Arbeiten, die sich mit dem situativen Ansatz beschäftigen, lassen sich anhand der Interpretationen der empirischen Befunde und der daraus gezogenen Schlußfolgerungen zwei verschiedenen Grundmodellen zuordnen, die sich im Hinblick auf das jeweils verfolgte Wissenschaftsziel unterscheiden. Dem analytischen Grundmodell des situativen Ansatzes liegt ein theoretisches Wissenschaftsziel zugrunde, d.h. die Gewinnung empirisch gehaltvoller und genereller Erklärungen für beobachtete Phänomene. Das pragmatische oder technologische Wissenschaftsziel, das das pragmatische Grundmodell kennzeichnet, dient der Formulierung von Gestaltungsmöglichkeiten oder Gestaltungsempfehlungen und deren Begründung (KIESER/ KUBICEK 1983).

Das pragmatische Grundmodell des situativen Ansatzes wird z.B. durch folgende Frage charakterisiert:
"Wie kann man Organisationsstrukturen so gestalten, daß sie

den Anforderungen der Situation gerecht werden, in der sich eine Unternehmung befindet?" (KIESER/KUBICEK 1983, S. 59). Die Unterschiede zwischen den beiden Grundmodellen liegen weniger in den eingesetzten Verfahren zur Erfassung der Organisation und der Situation, den Verfahren der Datenerhebung und -auswertung oder den Forschungsmethoden als vielmehr in der Beurteilung der empirischen Befunde. Für das pragmatische Grundmodell des situativen Ansatzes ist die Praktikabilität der getroffenen Aussagen entscheidend.

Von dem Ziel der vorliegenden Arbeit, praxisrelevante Entscheidungshilfen aufzuzeigen, ausgehend wird das pragmatische Grundmodell des situativen Ansatzes der zu entwickelnden Vorgehensweise zugrunde gelegt. Abbildung 4-1 stellt die Beziehungen der Variablen im situativen Ansatz dar. Die Situation spiegelt die Gesamtheit der Anforderungen wider, die Einfluß auf die Organisation und die Effizienz nehmen. Bezogen auf die Organisation des gesamten Unternehmens spielen daher externe (Absatzmarkt, Beschaffungsmarkt, Arbeitsmarkt etc.) wie interne (Fertigungstechnologie, Betriebsgröße etc.) Faktoren eine Rolle. Diejenigen Variablen, die die Situation kennzeichnen, werden daher im folgenden als Anforderungen bezeichnet.

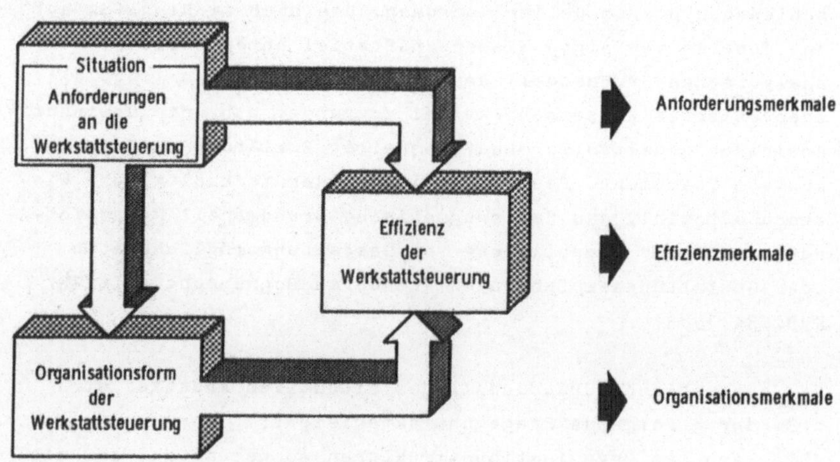

Abb. 4-1: Der situative Ansatz

Die Anwendung des situativen Ansatzes setzt voraus, daß die relevanten Eigenschaften der zu betrachtenden Variablen in bezug auf die untersuchte Problemstellung ermittelt werden (Konzeptualisierung) und diese Eigenschaften meßbar gemacht werden (Operationalisierung) (vgl. KIESER/KUBICEK 1983, S. 71). Eine Erfassung dieser Eigenschaften anhand von Praxisfällen stellt dann die Basis für eine empirische Ableitung von Entscheiungshilfen zur organisatorischen Gestaltung dar.

Die Vielzahl betrieblicher Erscheinungsformen sowohl im Hinblick auf die Situation als auch auf organisatorische Gestaltungsalternativen macht jedoch eine Beurteilung betriebsspezifischer Einzelfälle unmöglich. Es muß daher angestrebt werden, für die unterschiedlichen Erscheinungsformen der Situation und der Organisation der Werkstattsteuerung repräsentative "Typen" zu ermitteln, um sie dann einem Vergleich der jeweiligen Effizienzmerkmale zu unterziehen.

Die Methode der Typologie besteht in der Bildung einer zielgerichteten Ordnung von Erscheinungsformen unter Zuhilfenahme eines oder mehrerer, charakteristischer Merkmale. In Abhängigkeit davon, ob die jeweils betrachteten Erscheinungsformen durch ein oder mehrere Merkmale erfaßt werden, lassen sich ein- oder mehrdimensionale Typen bilden (vgl. KOSIOL 1966, S. 23). Die Bildung von Typen zielt auf eine möglichst exakte und umfassende Beschreibung der Realität bei gleichzeitiger Abstraktion auf die relevanten Einflußgrößen. Die Relevanz der Einflußgrößen richtet sich dabei nach dem Ziel, das mit der Typologie verfolgt wird und bestimmt entsprechend die Auswahl der Merkmale.

In enger Beziehung zur Typologie steht die Klassifikation. Eine grundsätzliche Unterscheidung ist darin zu sehen, daß eine Klassifikation in der Regel auf der Basis eines exakt quantifizierbaren Merkmals durchgeführt wird, wohingegen die Bildung von Typen unter Zuhilfenahme mehrerer, kontinuierlich abgestufter und gegebenenfalls überlappender Merkmalsausprägungen geschieht. Während die Grenzen zwischen Klassen exakt sind, sind die Grenzen zwischen Typen fließend. Eine typologische Vorgehensweise kann jedoch in vielen Fällen nicht von klassifikatorischen Betrachtungen getrennt werden, denn vielfach enthält eine Typologie auch Elemente der Klassifikation, indem z.B. die Ausprägungen einzelner Merkmale klassifikatorisch erfaßt werden (vgl. GROßE-OETRINGHAUS 1974, S. 41f). Soweit erforderlich werden daher im folgenden auch klassifikatorische Verfahren in die Vorgehensweise miteinbezogen.

Die Anwendung der Typologie ist nach PFOHL (1977, S. 243) notwendiger Bestandteil des situativen Ansatzes. Die mit der Typenbildung einhergehende Vereinfachung der Realität beruht jedoch auf der Annahme, daß sich reale Fälle immer eindeutig den herausgearbeiteten Typen zuordnen lassen (vgl. KIESER/KUBICEK 1983, S. 54). Trotz dieser Einschränkung kann in der Typologie eine geeignete Methode gesehen werden, die wesentlichen Aspekte der Situation und Organsiation der Werkstattsteuerung zu erfassen und zu interpretationsfähigen Typen zu gelangen.

Die Basis für eine empirische Typenbildung stellt eine Datenerhebung in Form einer vergleichenden Untersuchung dar. Vergleichende Untersuchungen lassen sich grundsätzlich anhand zweier Parameter in verschiedene Arten unterteilen. Die beiden betrachteten Parameter sind die Größe der Stichprobe und der zeitliche Umfang der Untersuchung. In Abbildung 4-2 sind die vier empirischen Vorgehensweisen (Forschungsdesigns) der vergleichenden Organisationsforschung in Abhängigkeit der Parameter dargestellt.

Während die Fallstudie und die vergleichende Feldstudie sich auf einen Zeitpunkt beziehen, erstrecken sich singuläre und multiple Längsschnittanalysen auf mehrere Zeitpunkte. Gegenstand einer Fallstudie sind die Daten eines Betriebes zu einem Zeitpunkt oder einem kurzen Zeitraum. Obwohl die Fallstudie für erste Untersuchungen zu einer vorliegenden Themenstellung gut geeignet ist, erlaubt sie keine grundsätzliche Klärung oder gar Ableitung einer Theorie. Da sich andererseits ein zeitlicher Vergleich verschiedener Zustände aus Aufwands-

		Stichprobenumfang	
		Ein Betrieb	Mehrere Betriebe
Zeitlicher Untersuchungsumfang	Ein Zeitpunkt	Fallstudie	Vergleichende Feldstudie
	Mehrere Zeitpunkte	Singuläre Längsschnittanalyse	Multiple Längsschnittanalyse

Abb. 4-2: Parameter vergleichender Untersuchungen (in Anlehnung an: KUBICEK 1975, S. 62)

gründen und aus Mangel an geeigneten Untersuchungsobjekten, in denen eine situative oder organisatorische Veränderung analysiert werden könnte, nicht durchführen läßt, wird die hier beschriebene Untersuchung als vergleichende Feldstudie angelegt. "Als vergleichende Feldstudie wird ein Forschungsdesign bezeichnet, das einen Vergleich mehrerer Fälle zu einem Zeitpunkt bzw. innerhalb eines kurzen Zeitraums anstrebt" (KUBICEK 1975, S. 61). Vergleichende Feldstudien eignen sich besonders zur Identifizierung relevanter Einflußfaktoren auf organisatorische Zusammenhänge unter Zuhilfenahme multivariater Datenanalysen sowie zur Bildung empirisch fundierter Typologien (vgl. KUBICEK 1975, S. 66f.).

Die der Arbeit zugrundeliegende Methodik der Vorgehensweise ist in Abbildung 4-3 zusammenfassend dargestellt. Ausgehend von den Variablen des situativen Ansatzes erfolgt im Rahmen der Konzeptualisierung und Operationalisierung eine Festlegung der relevanten Anforderungs-, Organsiations- und Effizienzmerkmale. Zu diesen Merkmalen werden in einer vergleichenden Feldstudie Daten in einer größeren Zahl von Betrieben erhoben. Anschließend erfolgt unter Zuhilfenahme statistischer Methoden eine Typenbildung, deren Ergebnisse zur besseren Un-

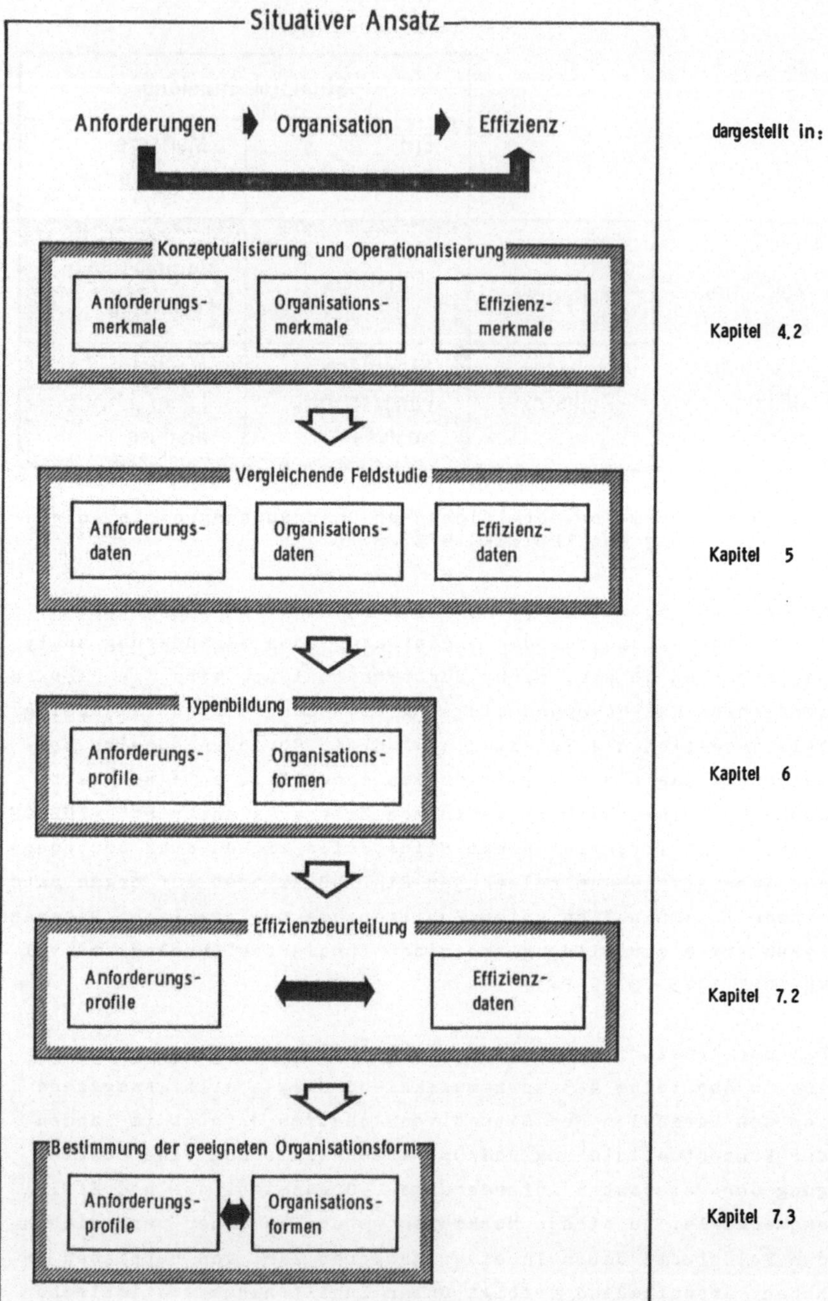

Abb. 4-3: Methodik der Vorgehensweise

terscheidung als Anforderungsprofile und Organisationsformen bezeichnet werden sollen. Die anschließende Effizienzbeurteilung vergleicht die Effizienzdaten derjenigen Betriebe mit ähnlichen Anforderungen und liefert damit die entscheidende Information zu der abschließenden Bestimmung der für jedes Anforderungsprofil geeigneten Organisationsform.

4.2 Konzeptualisierung und Operationalisierung

4.2.1 Anforderungen

Die Herleitung der auf die Werkstattsteuerung wirkenden Bestimmungsfaktoren soll anhand von Abbildung 4-4 verdeutlicht werden. Bestimmungsfaktoren sind demnach als Input die Werkstattaufträge, als Output die hergestellten Erzeugnisse sowie der eigentliche Fertigungsprozeß. Darüber hinaus muß aber auch die interne Situation der Werkstattsteuerung und die externe Umweltsituation Berücksichtigung finden. Anzumerken ist an dieser Stelle, daß der Bestimmungsfaktor "Externe Umweltsitua-

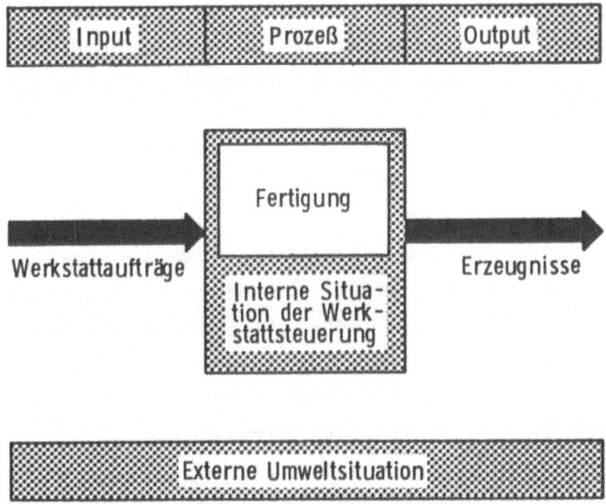

Abb. 4-4: Bestimmungsfaktoren der Werkstattsteuerung

tion" sich nicht nur auf externe Einflüsse außerhalb des Unternehmens, sondern auch auf unternehmensinterne Einflüsse außerhalb der Werkstattsteuerung (z.B. das Planungssystem) bezieht.

In Anlehnung an die Vorgehensweise bei ELLINGER/WILDEMANN (1978, S. 94f) sollen die Merkmale, die die betrieblichen Anforderungen an die Werkstattsteuerung erfassen, in Haupt- und Ergänzungsmerkmale gegliedert werden. Abbildung 4-5 zeigt eine Zusammenstellung der Anforderungsmerkmale. Die Abgrenzung und Einteilung der Hauptmerkmale zu den Bestimmungsfaktoren Output, Input, Prozeß erfolgt in Übereinstimmung mit SCHOMBURG (1980), wobei zwei weitere von SCHOMBURG definierte Merkmale - Dispositionsart und Beschaffungsart - wegen fehlender Relevanz für die Anforderungen an die Werkstattsteuerung nicht berücksichtigt werden.

Im Vorgriff auf die in Kapitel 6.2.1 ausführlicher zu behandelnde Skalierung der Merkmale sei hier bereits angesprochen, daß die Hauptmerkmale als qualitative, nominale Merkmale betrachtet werden. Die Ergänzungsmerkmale erlauben dagegen eine quantitative Erfassung und stellen damit kardinale Merkmale dar. Bei vier quantitativen Merkmalen wurden außer dem Durchschnittswert auch der Maximal- und der Minimalwert erfaßt und eine Kennzahl - der Spannweitenfaktor - gebildet.

$$\text{Spannweitenfaktor} = \frac{\text{Maximalwert} - \text{Minimalwert}}{\text{Durchschnittswert}}$$

Der Spannweitenfaktor (SWF) gestattet eine Aussage über die Konstanz der ermittelten Durchschnittswerte. Ein großer Spannweitenfaktor des Merkmals 'Dauer eines Arbeitsvorgangs pro Los' kennzeichnet z.B. starke Schwankungen der Dauer der einzulastenden Aufträge und hat somit Auswirkungen auf Art und Umfang der Kapazitätsbelegungsplanung.

In Anlehnung an SCHOMBURG (1980) wird der "Output" durch die Hauptmerkmale Erzeugnisspektrum und Erzeugnisstruktur be-

	Hauptmerkmale (nominal)	Ergänzende Merkmale (kardinal)
Output	• Erzeugnisspektrum	• Anteil Wiederholteile (%)
	• Erzeugnisstruktur	• ø - Anzahl Teile pro Enderzeugnis • SWF der Teile pro Enderzeugnis
Input	• Auftragsauslösungsart	• Anteil Lagerfertigung (%)
Prozeß	• Fertigungsart	• ø - Losgröße • SWF der Losgröße • ø - Dauer eines Arbeitsvorgangs pro Los (Std) • SWF der Dauer eines Arbeitsvgs. pro Los
	• Fertigungsablaufart	• Anzahl Arbeitsplätze in der Fertigung • Anteil Maschinenarbeitsplätze (%)
	• Fertigungsstruktur	• ø - Anzahl Arbeitsvorgänge pro Arbeitsplan • SWF der Arbeitsvorgänge pro Arbeitsplan
Interne Situation der Werkstattsteuerung	• Arbeitszeitregelung • Lohnform • Qualifikationsniveau • Steuerungsinstrumente	
Externe Umweltsituation	• Kundeneinfluß • Planungssystem	

SWF = Spannweitenfaktor ø = Durchschnittswert

Abb. 4-5: Zusammenstellung der Anforderungsmerkmale

stimmt. Das Erzeugnisspektrum beschreibt den Standardisierungsgrad der Erzeugniskonstruktion, und die Erzeugnisstruktur beschreibt den konstruktionsbedingten Aufbau der Erzeugnisse durch die Strukturbreite und -tiefe. Die Auftragsauslösungsart kennzeichnet die Bindung der Produktion an den Absatzmarkt und damit den "Input" anhand der Art der Auslösung des Primärbedarfs. Der Bestimmungsfaktor "Prozeß" wird durch die Hauptmerkmale Fertigungsart, Fertigungsablaufart und Fertigungsstruktur charakterisiert. Die Fertigungsart erfaßt die Häufigkeit der Leistungswiederholung im Produktionsprozeß durch die Auflagenhöhe der Fertigungsaufträge und die Wiederholhäufigkeit gleicher oder sehr ähnlicher Fertigungsobjekte. Durch die Fertigungsablaufart werden die räumliche Anordnung und die kapazitätsmäßige Abstimmung der Fertigungsmittel gekennzeichnet. Die Merkmalsausprägungen der Fertigungsablaufart erfassen vier typische und im Hinblick auf die Organisation der Werkstattsteuerung relevante Fertigungsablaufarten. Eine ausführlichere Untergliederung findet sich unter der Bezeichnung Ablaufprinzipien bei REFA (MLA Teil 3 1985, S. 251). Die Fertigungsstruktur erfaßt schließlich die Anzahl der Fertigungsstufen und die Anzahl aufeinanderfolgender Arbeitsvorgänge und kennzeichnet damit die Fertigungstiefe.

Der Bestimmungsfaktor "Interne Situation der Werkstattsteuerung" erfaßt jene Einflüsse, die innerhalb des Wirkungsbereichs der Werkstattsteuerung liegen und die bei einer anforderungsgerechten, organisatorischen Gestaltung Berücksichtigung finden müssen. Die Hauptmerkmale des Bestimmungsfaktors "Interne Situation der Werkstattsteuerung" umfassen die Arbeitszeitregelung (z.B. 1- schichtig), die Lohnform in der Fertigung (z.B. Zeitlohn), das Qualifikationsniveau der Werkstattmitarbeiter sowie die eingesetzten Steuerungsinstrumente (z.B. Teilefamilienbildung). Die in bezug auf die Werkstattsteuerung "Externe Umweltsituation" wird durch den Kundeneinfluß (Konventionalstrafen, Änderungswünsche) und den Leistungsumfang des eingesetzten Planungssystems (z.B. Erstellung eines Reihenfolgevorschlags) erfaßt. Sowohl für die "Interne Situation der Werkstattsteuerung" als auch die "Externe Umweltsituation" werden nur qualitative Hauptmerkmale gebildet, da eine Erfassung durch quantitative Ergänzungsmerkmale nicht sinnvoll erscheint. Die Hauptmerkmale und die jeweiligen Ausprägungen zeigt Abbildung 4-6.

4.2.2 Organisation

Die Ermittlung der relevanten Eigenschaften der Organisation der Werkstattsteuerung soll mit Hilfe von Organisationsdimensionen vorgenommen werden, wie sie in der Organisationsforschung häufig eingesetzt werden. Diese Dimensionen werden

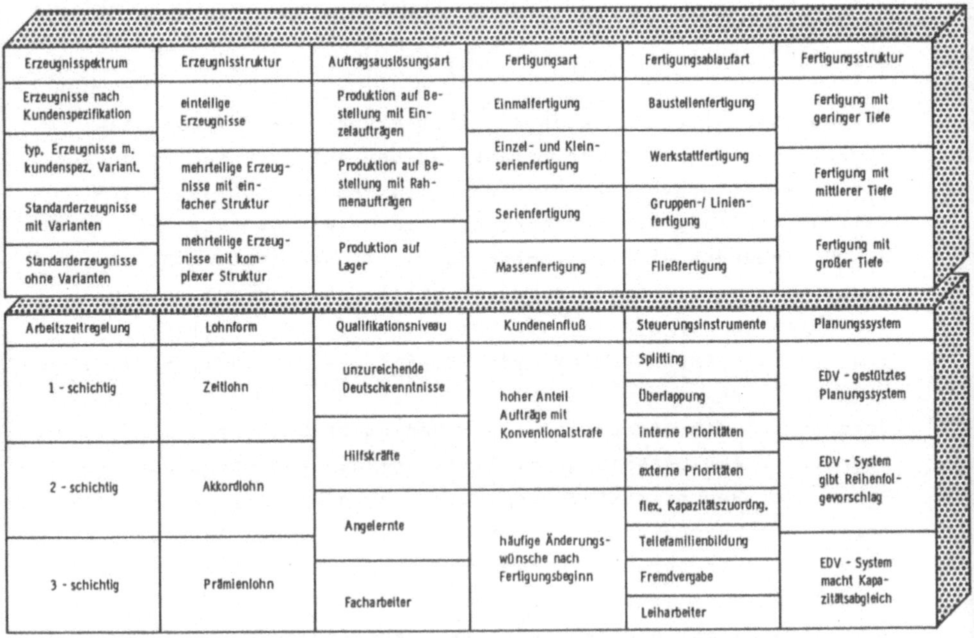

Erzeugnisspektrum	Erzeugnisstruktur	Auftragsauslösungsart	Fertigungsart	Fertigungsablaufart	Fertigungsstruktur
Erzeugnisse nach Kundenspezifikation	einteilige Erzeugnisse	Produktion auf Bestellung mit Einzelaufträgen	Einmalfertigung	Baustellenfertigung	Fertigung mit geringer Tiefe
typ. Erzeugnisse m. kundenspez. Variant.	mehrteilige Erzeugnisse mit einfacher Struktur	Produktion auf Bestellung mit Rahmenaufträgen	Einzel- und Kleinserienfertigung	Werkstattfertigung	Fertigung mit mittlerer Tiefe
Standarderzeugnisse mit Varianten	mehrteilige Erzeugnisse mit komplexer Struktur	Produktion auf Lager	Serienfertigung	Gruppen-/ Linienfertigung	Fertigung mit großer Tiefe
Standarderzeugnisse ohne Varianten			Massenfertigung	Fließfertigung	

Arbeitszeitregelung	Lohnform	Qualifikationsniveau	Kundeneinfluß	Steuerungsinstrumente	Planungssystem
1 - schichtig	Zeitlohn	unzureichende Deutschkenntnisse	hoher Anteil Aufträge mit Konventionalstrafe	Splitting	EDV - gestütztes Planungssystem
2 - schichtig	Akkordlohn	Hilfskräfte	häufige Änderungswünsche nach Fertigungsbeginn	Überlappung	EDV - System gibt Reihenfolgevorschlag
3 - schichtig	Prämienlohn	Angelernte		interne Prioritäten	EDV - System macht Kapazitätsabgleich
		Facharbeiter		externe Prioritäten	
				flex. Kapazitätszuordng.	
				Teilefamilienbildung	
				Fremdvergabe	
				Leiharbeiter	

Abb. 4-6: Merkmalsausprägungen der Hauptmerkmale zur Erfassung der Anforderungen an die Werkstattsteuerung

durch abstufbare Merkmale operationalisiert, deren Gesamtheit die Organisation der Werkstattsteuerung repräsentiert. Eine Organisationsform läßt sich dann als Konstellation von Ausprägungen dieser Merkmale begreifen (vgl. WOLLNIK 1969, S. 594). Eine ausführliche Übersicht über die in der einschlägigen Literatur verwendeten Organisationsdimensionen findet sich bei BÄUMER (1981, S. 39). Aus der Vielzahl möglicher Organisationsdimensionen eignen sich für eine Erfassung der Organisation der Werkstattsteuerung in erster Linie:

- Spezialisierung,
- Programmintensität und
- Automatisierung.

Spezialisierung

Die Spezialisierung - auch Arbeitsteilung oder Aufgabenteilung genannt - dient der Erfasssung der Aufbauorganisation der Werkstattsteuerung. Die Spezialisierung umfaßt die Aufteilung von Aufgaben auf Aktionsträger (vgl. GROCHLA 1982, S. 25), dadurch daß bestimmten betrieblichen Stellen Zuständigkeiten, d.h. Entscheidungsbefugnisse, zugeordnet werden. Das Ergebnis der Spezialisierung ist also eine Stellenbildung (vgl. KIESER/KUBICEK 1983, S. 81f; BÄUMER 1981, S. 41).

Bezogen auf die Organisation der Werkstattsteuerung beschreibt die Dimension Spezialisierung die Zuordnung der im Rahmen der Werkstattsteuerung auszuführenden Aufgaben auf betriebliche Aufgabenträger. Bei den betrieblichen Aufgabenträgern soll unterschieden werden zwischen der Fertigungssteuerung, dem Leitstand, dem Meister und dem Werker. In Anlehnung an die gebräuchliche betriebliche Begriffsbildung soll dabei jene Stelle, die dem Leitstand übergeordnet ist und die Planungsvorgaben für die Werkstattsteuerung erarbeitet, als Fertigungssteuerung bezeichnet werden. Vor allem in kleineren Betrieben ist bisweilen eine räumliche und teilweise auch personelle Überschneidung zwischen Fertigungssteuerung und Leitstand anzutreffen, wodurch eine exakte Unterscheidung erschwert wird. Der Meister wird stellvertretend für die Führungskräfte in der Fertigung genannt, d.h. die im Rahmen der Spezialisierung dem Meister zugeordneten Aufgaben können z.B. auch von Vorarbeitern wahrgenommen werden.

Programmintensität

Die Programmintensität oder Programmierung legt spezifische Verhaltensweisen für die Erfüllung von Aufgaben fest. Der Begriff ist also nicht im Sinne von Software für ein EDV-System zu verstehen, obwohl die in einem EDV-Programm enthaltenen Verfahrensvorschriften durchaus auch den Charakter von (organisatorischer) Programmierung haben (BÄUMER 1981, S. 42). Zum besseren Verständnis des Begriffs der Programmintensität seien einige Beispiele für Festlegungen im Rahmen der Programmintensität genannt (GROCHLA 1982, S. 174):

- wann (unter welchen Bedingungen) wird gehandelt,
- welche Handlungen sollen in einer bestimmten Situation ausgeführt werden,
- wie sollen bestimmte Handlungen ausgeführt werden,
- welche Ergebnisse soll ein Arbeitsprozeß bringen,
- welche Aktionsträger sollen im Arbeitsprozeß jeweils zusammenarbeiten.

Diese Beispiele machen deutlich, daß mit der Dimension Programmintensität jene Aspekte der Betriebsorganisation erfaßt werden, die auch als Ablauforganisation bezeichnet werden (vgl. Kapitel 2.1).

Automatisierung

Ein wichtiger Aspekt für die Erfassung der Organisationsform der Werkstattsteuerung ist die Automatisierung des Informationsflusses, d.h. die Unterstützung der Funktionsausführung durch Hilfsmittel zur Informationserfassung, -verarbeitung, -weiterleitung, und -ausgabe. Die Betrachtung der Automatisierung als Aspekt der organisatorischen Gestaltung ist nicht unstrittig, jedoch zeigen Beispiele die erfolgreiche Anwendung der organisatorischen Dimensionen Automatisierung zur Konzeptualisierung und Operationalisierung organisatorischer Zusammenhänge bei der Untersuchung von Betriebsbereichen, z.B. der Lagerorganisation (vgl. BÄUMER 1981, S. 42; PIEPER 1982, S. 45; BUSCHOLL 1983, S. 19). Daher soll in Übereinstimmung mit GROCHLA (1978, S. 195) für die Gestaltung der Organisation der Werkstattsteuerung gelten: "Der Einsatz automatischer Sachmittel stellt ... eine organisatorische Gestaltungsmaßnahme dar". Für die Werkstattsteuerung ist die Automatisierung insbesondere in Form einer EDV-Unterstützung z.B. durch eine EDV-gestützte Werkstattauftragsverwaltung oder eine EDV-gestützte Betriebsdatenerfassung relevant.

Für eine vollständige, systematische Erfassung der Organisation der Werkstattsteuerung bietet sich eine Untergliederung entsprechend den Werkstattsteuerungsfunktionen an. Die Bildung von Merkmalen zur Erfassung der Organisation der Werkstattsteuerung entsprechend den genannten organisatorischen Dimensionen zeigte, daß die drei Funktionen Werkstattauftragsverwaltung, Belegerstellung und -verwaltung und Werkstattauftragsfortschrittsüberwachung sowie die zwei Funktionen Verfügbarkeitsprüfung und Bereitstellung sinnvollerweise gemeinsam betrachtet werden. Durch diese Zusammenfassung zu sechs Merkmalsgruppen wurde einerseits den im Laufe der Untersuchung festgestellten organisatorischen Interdependenzen Rechnung getragen und andererseits die Anzahl möglicher organisatorischer Alternativen sinnvoll begrenzt. Die organisatorischen Merkmale und ihre Ausprägungen zeigen Abbildung 4-7 und 4-8 geordnet nach den sechs Merkmalsgruppen zur Organisation der Werkstattsteuerung.

4.2.3 Effizienz

Gemäß der in Kapitel 2.2 getroffenen Definition ist die Effizienz der Grad der Zielerreichung mit möglichst geringem Aufwand. Daraus folgt, daß zur Erfassung der Effizienz der Werkstattsteuerung sowohl die Zielerreichung als auch der Aufwand berücksichtigt werden müssen.

Da die Werkstattsteuerung Bestandteil der Produktionsplanung und -steuerung ist, müssen sich die Ziele der Werkstattsteuerung an denen der Produktionsplanung und -steuerung orientieren. Eine eindimensionale Betrachtung, d.h. die Erfassung der Effizienz durch nur ein Merkmal, scheidet dabei schon deshalb aus, weil die der PPS zugrundeliegenden Zielsetzungen z.T. konkurrierenden Charakter haben. Eine ausführliche Darstellung dieser Problematik findet sich bei HACKSTEIN (1984, S. 17f).

Funktion	Merkmal	Ausprägung
Werkstattauftragsverwaltung	Automatisierungsgrad der Hilfsmittel	Hängetaschenordner
		PPS - System Anschluß
Belegerstellung und -verwaltung	Automatisierungsgrad der Hilfsmittel und Spezialisierung der Belegerstellung	Drucker im Planungssystem
		Umdruck im Planungssystem
		Drucker im Leitstand
		Umdruck / Zeitstrahlauftragen im Leitstand
	Zeitpunkt der Belegerstellung	kürzer als 1 Tag vor Fertigungsbeginn
		1 Tag bis 1 Woche vor Fertigungsbeginn
		länger als 1 Woche vor Fertigungsbeginn
	Spezialisierung der Belegverwaltung	Leitstand
		Meister
		Fertigungssteuerung
Werkstattauftragsfortschritts-Überwachung	Spezialisierung der Werkstattauftragsfortschrittsüberwachung	Meister
		Leitstand
		Fertigungssteuerung
Kapazitätsbelegungsplanung	Automatisierungsgrad der Hilfsmittel	Plantafel mit Zeitlot
		Plantafel ohne Zeitlot
	Vorplanungszeitraum	kleiner als 5 Tage
		5 Tage bis 15 Tage
		größer als 15 Tage
		zeitgenaue Einplanung (Zeitstrahl)
	Zeiteinheit der Vorplanung	kleiner als 0,5 Std.
		0,5 Std. bis 1 Std.
		größer als 1 Std.
	Intensität der Vorplanung	nur der 1. bzw. der nächste Arbeitsvorgang
		die nachfolgenden 2 bis 3 Arbeitsvorgänge
		alle Arbeitsvorgänge eines Auftrags
	Aktualisierung der Vorplanung	bei jeder Änderung bzw. ständig
		ca. einmal pro Tag
		nur bei gravierenden Änderungen
	Vorplanung von Kontrollvorgängen	generell Einplanung als Arbeitsvorgang
		teilweise Einplanung als Arbeitsvorgang
		Kontrollvorgänge in Übergangszeit enthalten
Verfügbarkeitsprüfung	Spezialisierung der Verfügbarkeitsprüfung des Materials	Meister
		Leitstand
		Fertigungssteuerung
	Spezialisierung der Verfügbarkeitsprüfung für Werkz. u. Vorricht.	Meister
		Leitstand
		Fertigungssteuerung
Bereitstellung	Spezialisierung der Transportveranlassung	Meister
		Leitstand
		Fertigungssteuerung
	Spezialisierung der Überwachung der Bereitst. d. Aufträge	Meister
		Leitstand
		Fertigungssteuerung
	Prinzip der Zwischenlagerung	zentrales Zwischenlager
		bereichsnahe "Bahnhöfe"
		am nächsten Arbeitsplatz

Abb. 4-7: Zusammenstellung der Organisationsmerkmale (Teil 1)

Arbeitszuteilung	Spezialisierung der Arbeitszuteilung	Meister
		Leitstand
		Fertigungssteuerung
	Zeitpunkt der Arbeitszuteilung	unmittelbar vor Arbeitsbeginn
		ca. 1 Tag vor Arbeitsbeginn
		früher als 1 Tag vor Arbeitsbeginn
	Umfang des zugeteilten Arbeitsvorrates	nur 1 Auftrag
		ca. 1 bis 3 Aufträge
		mehr als 3 Aufträge
	Automatisierungsgrad der Hilfsmittel	Kommunikationseinrichtung
		Komm.einrichtung und Funktionsleuchten
	Empfänger d. Arbeitszuteilungsanw. d. Leitst.	Werker
		Meister
Betriebsdatenerfassung	zusätzl. Verwend. d. Dat.	Kopplung der Rückmeldung m. Lohnabrechn.
	Automatisierungsgrad d. Hilfsmittel - Fertigmeldung Arbeitsvorgang	nur Handaufschreibung
		Handaufschreibung, zentrale EDV - Eingabe
		BDE - Terminal
	Automatisierungsgrad d. Hilfsmittel - Gutstückzahl eines Loses	nur Handaufschreibung
		Handaufschreibung, zentrale EDV - Eingabe
		BDE - Terminal
	Automatisierungsgrad d. Hilfsmittel - Unterbrechungsgrund	nur Handaufschreibung
		Handaufschreibung, zentrale EDV - Eingabe
		BDE - Terminal
	Automatisierungsgrad d. Hilfsmittel zur Rückmeldung an den Leitstand	Kommunikationseinrichtung
		zusätzlich Kartentafel
		zusätzl. Funktionstasten f. Standardmeldung
		BDE - Terminal
Arbeitsvorgangs-Überwachung	Spezialisierung der Arbeitsvorgangs-Überwachung	Meister
		Leitstand
		Fertigungssteuerung
	Überwachg. v. Kontrollvg.	generell Rückmeldung
	Umfang der Arbeitsvorgangsüberwachung	Überwachung der Arbeitsvorgänge "in Arbeit"
		zeitgenaue Überw. der Arbeitsvorgänge "i. A."
		Überwachung der Kontrollvorgänge
		Überwachung der Transportvorgänge
		Überwachung vorbereitender Tätigkeiten
		Überwachung der Bereitstellung

Abb. 4-8: Zusammenstellung der Organisationsmerkmale (Teil 2)

Wegen der Vielzahl möglicher, z.T. betriebsindividueller Zielsetzungen soll daher der Ermittlung der für die Werkstattsteuerung relevanten Ziele eine von SPEITH (1982, S. 34) durchgeführte Expertenbefragung zum Beitrag der einzelnen Funktionen zur Zielerreichung der PPS zugrunde gelegt werden. Als durch die Funktionen der Werkstattsteuerung zu beeinflussende Zielsetzungen wurden hierbei genannt:

- geringe Werkstattbestände,
- kurze Durchlaufzeit,
- hohe Planungssicherheit,
- hohe Termintreue,
- hohe und aktuelle Auskunftsbereitschaft,
- hohe Flexibilität.

Da eine Operationalisierung der beiden Ziele "Auskunftsbereitschaft" und "Flexibilität" aufgrund fehlender, überbetrieblicher Vergleichsmöglichkeiten oder eindeutig zu definierender Kennzahlen nicht objektiv durchführbar ist, soll die Erfassung der Effizienz auf die Ziele "Werkstattbestände", "Durchlaufzeiten", "Planungssicherheit" und "Termintreue" beschränkt werden.

Der zweite Aspekt der Effizienz einer Werkstattsteuerung ist der Aufwand für die Werkstattsteuerung. Hier bieten sich einerseits die Kosten für die Werkstattsteuerung (z.B. Personalkosten für den Leitstand) an und andererseits die zeitliche Belastung der Führungskräfte in der Fertigung für Aufgaben der Werkstattsteuerung. Für die Erfassung der Effizienz wurden also insgesamt sechs Merkmale gebildet, wovon vier die Zielerreichung und zwei den Aufwand erfassen. Abbildung 4-9 zeigt diese Effizienzmerkmale auf einen Blick.

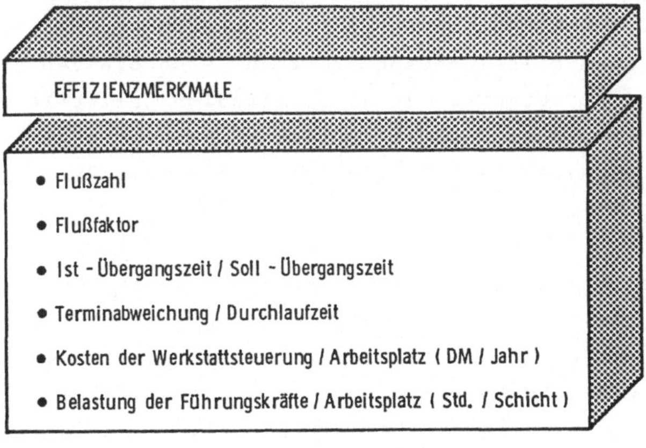

EFFIZIENZMERKMALE

- Flußzahl
- Flußfaktor
- Ist - Übergangszeit / Soll - Übergangszeit
- Terminabweichung / Durchlaufzeit
- Kosten der Werkstattsteuerung / Arbeitsplatz (DM / Jahr)
- Belastung der Führungskräfte / Arbeitsplatz (Std. / Schicht)

Abb. 4-9: Überblick über die Effizienzmerkmale

Für die Definition der Effizienzmerkmale spielen die Durchlaufzeit und die unterschiedlichen Anteile der Durchlaufzeit eines Auftrags eine wichtige Rolle. "Die Durchlaufzeit ... ist die Soll-Zeit für die Erfüllung einer Aufgabe in einem oder mehreren bestimmten Arbeitssystemen" (REFA MLPS Teil 3 1985, S. 16). Die Durchlaufzeit stellt damit einen Oberbegriff dar und kann sich sowohl auf den gesamten Durchlauf eines Werkstattauftrags durch die Fertigung als auch auf die Durchlaufzeit je Arbeitsvorgang, d.h. die Zeit von der Beendigung eines Arbeitsvorgangs bis zur Beendigung des nachfolgenden Arbeitsvorgangs beziehen. Sie setzt sich zusammen aus Durchführungszeiten, Zwischenzeiten (Übergangszeiten) und Zusatzzeiten (REFA MLPS Teil 3 1985, S. 21).

Abbildung 4-10 zeigt die Durchlaufzeitanteile beim Durchlauf eines Werkstattauftrags durch die Fertigung (ohne Montage). Beispielhaft werden die unterschiedlichen Durchlaufzeitanteile vom Beginn des dritten bis zum Ende des vierten Arbeitsvorgangs verdeutlicht. Die Zeit für die einmaligen Vorbereitungsarbeiten zur Durchführung des Auftrags (Rüstzeit) sowie die Zeit je Stückzahleinheit multipliziert mit der Stückzahl (Ausführungszeit) werden zusammen als Auftragszeit bezeichnet. Die Auftragszeit ist dabei die Vorgabezeit für den Menschen. Anstelle des Begriffs Auftragszeit wird im Zusammenhang mit der Betrachtung von Durchlaufzeitanteilen auch der Begriff Durchführungszeit verwendet (BECHTE 1979, S. 15). Dies gilt insbesondere dann, wenn die betrachteten Zeiten nicht aufgrund von Arbeitsstudien ermittelt und aus Grund-, Erholungs- und Verteilzeiten zusammengesetzt sind, sondern pauschal geschätzt worden sind (vgl. REFA MLPS Teil 3 1985, S. 23).

Im Rahmen der Datenerhebung für diese Arbeit wurden zur Bildung der Effizienzmerkmale nach Möglichkeit Ist-Daten erhoben und nur dort, wo eine Erfassung der Ist-Daten nicht möglich war, auf Vorgabe-Zeiten zurückgegriffen. Im folgenden soll daher jener Anteil der Durchlaufzeit, der sich auf die Rüstzeit und die Zeit zur Bearbeitung des Auftrags bezieht, als Durchführungszeit bezeichnet werden.

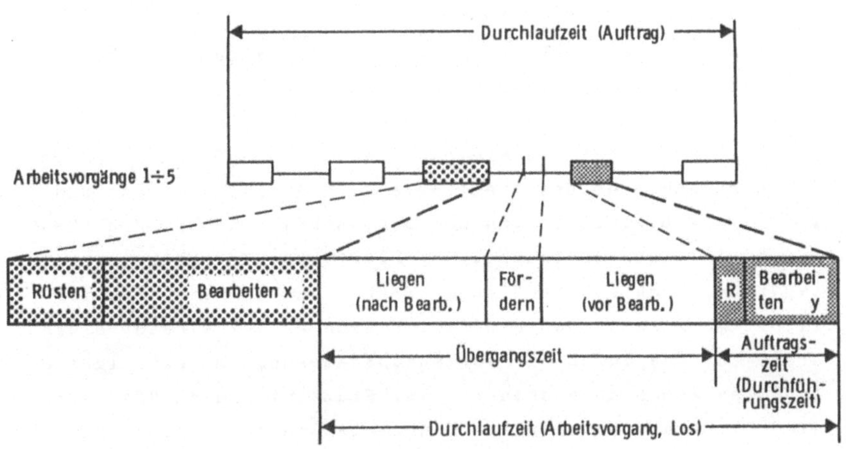

Abb. 4-10: Die Durchlaufzeitanteile eines Werkstattauftrags beim Durchlauf durch die Teilefertigung (in Anlehnung an WIENDAHL 1983, S. 217)

Flußzahl und Flußfaktor sind Kennzahlen, die Auskunft über den aktiven Arbeitsvorrat in der Werkstatt sowie über die Schnelligkeit des Durchlaufs geben:

$$\text{Flußzahl} = \frac{\text{Durchlaufzeit eines Auftrages}}{\text{Summe der Durchführungszeiten eines Auftrages}},$$

$$\text{Flußfaktor} = \frac{\text{Anzahl Arbeitsplätze}}{\text{Anzahl angearbeitete Aufträge}}.$$

Die Flußzahl ist als eine Größe zu verstehen, die die Schnelligkeit, d.h. den Durchfluß eines Auftrages durch die Fertigung, mißt (vgl. MAZUMDER 1975, S. 562). Anhand dieser Kennzahl kann beurteilt werden, welchen Anteil die Durchführungszeiten eines Auftrags an der Durchlaufzeit durch die Fertigung ausmachen. Die Flußzahl ist stets größer als 1 und sollte möglichst niedrig sein. Im Rahmen der Durchlaufzeitbestimmung als Soll-Zeit wird der Quotient von planmäßiger Durchlaufzeit zur Durchführungszeit auch als Durchlaufzeitfaktor bezeichnet (REFA MLPS Teil 3 1985, S. 25). Da es sich im vorliegenden Fall jedoch um eine Kennzahl zur Analyse und nicht zur Soll-Zeit-Bestimmung handelt, wird der Begriff Flußzahl verwendet.

Der Flußfaktor ist ein Maß für die durchschnittliche Länge der Warteschlange pro Arbeitsplatz in Anzahl Aufträge und wird stark beeinflußt von der durchschnittlichen Durchführungszeit eines Auftrages. Der Flußfaktor ist bei einer typischen Werkstattfertigung kleiner als 1 und sollte möglichst groß sein. Der Flußfaktor kann auch als beschreibende Größe für das durch die Werkstattsteuerung zu bewältigende Arbeitsvolumen angesehen werden. Flußzahl und Flußfaktor sind nicht als unabhängige Kennzahlen zu sehen, denn "die Durchlaufzeit an einem Arbeitsplatz hängt... unmittelbar vom Bestand an wartenden Aufträgen ab" (WIENDAHL 1984, S. 392).

Die Kennzahl Ist-Übergangszeit/Soll-Übergangszeit ist ein Maß für die Einhaltung der vom Planungssystem vorgegebenen Übergangszeiten zwischen zwei Arbeitsvorgängen. Die Übergangszeit setzt sich aus der Liegezeit nach und vor der Bearbeitung sowie der Transportzeit zusammen (vgl. Abb. 4-10). Große Soll-Ist-Abweichungen der Übergangszeiten weisen auf mangelnde Durchsetzungsfähigkeit der Werkstattsteuerung hin, können aber auch durch unrealistische Planungsvorgaben verursacht werden (HACKSTEIN 1984, S. 291). Wichtige Informationen kann neben einem Durchschnittswert dieser Kennzahl vor allem die Verteilung der Übergangszeiten in einer Fertigung liefern. Die Ermittlung einer derartigen Verteilung setzt jedoch umfangreiche Datenerhebungen und -auswertungen in jedem Betrieb voraus, auf die vor dem Hintergrund der für diese Arbeit untersuchten Anzahl an Betrieben verzichtet werden mußte.

Die nächste Kennzahl Terminabweichung/Durchlaufzeit kennzeichnet positive (verfrühte Fertigstellung) wie auch negative (verspätete Fertigstellung) Abweichungen vom festgelegten Soll-Termin. Als Soll-Termin gilt dabei der Endtermin, der in der ersten Einplanung des Auftrags vorgesehen wurde. Terminabweichungen gegenüber dieser ersten Einplanung erlauben eine Beurteilung der Durchsetzungsfähigkeit der Werkstattsteuerung (vgl. HACKSTEIN 1984, S. 291). Bei der Interpretation der Werte dieser Kennzahl muß jedoch wie bereits bei der Kennzahl Ist-Übergangszeit/Soll-Übergangszeit berücksichtigt werden, daß die Qualität der Produktionsplanung, d.h. die Zuverlässigkeit der erarbeiteten Planungsvorgaben, eine wichtige Rolle spielt.

Die Kennzahl Kosten der Werkstattsteuerung/Arbeitsplatz (DM/Jahr) ist ein Maß für die pro Arbeitsplatz aufzuwendenden Kosten für die Werkstattsteuerung. Die erfaßten Kosten beinhalten die Personalkosten für das Steuerungspersonal, Raumkosten und Investitionskosten (Abschreibung, Zinsen).

Durch die Kennzahl Belastung der Führungskräfte/Arbeitsplatz (Std./Schicht) läßt sich der zeitliche Aufwand des Führungspersonals in der Werkstatt - Meister, Vorarbeiter - für steuernde Tätigkeiten messen. Ein hoher Wert dieser Kennzahl zeigt, daß das Werkstatt-Führungspersonal mit steuernden Tätigkeiten stark belastet ist und sich nicht in vollem Umfang seinen eigentlichen Aufgaben, die in den Bereichen Qualitätskontrolle, technologische Überwachung des Fertigungsprozesses, Personalunterweisung und -ausbildung etc. liegen, zuwenden kann.

5. Datenerhebung

5.1 Erhebungstechnik

Für die Erhebung der Daten zu den Anforderungs-, Organisations- und Effizienzmerkmalen wurde eine dreistufige Vorgehensweise angewandt.

1. Vorerfassung

In der ersten Stufe wurden in einigen Betrieben nicht standardisierte Interviews durchgeführt. Diese Interviews dienten der begrifflichen und inhaltlichen Klärung des Sachverhalts und sollten so mögliche Verständnisschwierigkeiten in der zweiten Stufe der Datenerhebung ausräumen.

2. Datenerfassung

Die eigentliche Datenerfassung wurde mit Hilfe eines Fragebogens vorgenommen. Die Daten zu den qualitativen Merkmalen wurden dabei durch geschlossene Fragen, d.h. Fragen mit vorgegebenen Antwortmöglichkeiten, erhoben. Quantitative Merkmale wurden nach Festlegung der Einheit durch die Angabe exakter Zahlenwerte erfaßt.

Nach SCHMIDT (1969, S. 664) ist die Eignung einer schriftlichen Befragung durch einen Fragebogen zur Erfassung organisatorisch relevanter Informationen besonders groß, wenn folgende Bedingungen gegeben sind:

- Erhebung quantitativer Sachverhalte.
- Dem Erheber ist bekannt, was erhoben werden muß.
- Die zu erhebende Thematik betrifft gleichzeitig eine größere Anzahl von Mitarbeitern.
- Die Fragen sind nicht erklärungsbedürftig.
- Die Inhalte liegen weitgehend auf der rationalen Ebene.
- Der Kreis der Befragten ist relativ homogen.
- Die Befragten sprechen alle in etwa die gleiche Sprache.

Diese Bedingungen können durch die zuvor durchgeführten Interviews als erfüllt angesehen werden. Ein weiterer wichtiger Grund für den Einsatz des Fragebogens war der große Umfang quantitativer Daten, die z.T. aus mehreren Betriebsbereichen zusammengetragen werden mußten.

3. Datenüberprüfung

Um die Zuverlässigkeit der Datenbasis zu überprüfen, wurden fallweise halbstandardisierte Interviews an die Auswertung des Fragebogens angeschlossen. Insbesondere organisatorische Zusammenhänge konnten dabei durch den Interviewer vor Ort im Hinblick auf ihre Übereinstimmung mit den Daten des Fragebogens untersucht werden.

5.2 Abgrenzung des Untersuchungsbereichs

Gegenstand der Untersuchung ist die Organisation der Werkstattsteuerung. Die zur Werkstattsteuerung zählenden Aufgabenbereiche sind durch die Festlegung der neun Werkstattsteuerungsfunktionen eingegrenzt. Eine Abgrenzung der zu untersuchenden Betriebe soll weder im Hinblick auf ihre Branchenzugehörigkeit noch auf die Betriebsgröße erfolgen. Für die Betrachtung der Organisation der Werkstattsteuerung sind vielmehr jene Bestimmungsfaktoren maßgebend, die als Anforderungen an die Werkstattsteuerung definiert wurden. Wegen ihrer deutlich geringeren Anforderungen an die Werkstattsteuerung wurden daher insbesondere Betriebe, die überwiegend Massenfertigung nach dem Fließprinzip durchführen, und auch Betriebe, die überwiegend nach dem Baustellenprinzip fertigen, nicht in die Untersuchung miteinbezogen.

Die Verteilung der untersuchten Betriebe nach der Betriebsgröße ist in Abbildung 5-1 dargestellt, und die Verteilung nach der Branchenzugehörigkeit findet sich in Abbildung 5-2. Die verhältnismäßig geringe Beteiligung von Betrieben mit weniger als 200 Beschäftigten ist auf die quantitativen und qualitativen Anforderungen an die erhobenen Daten zu-

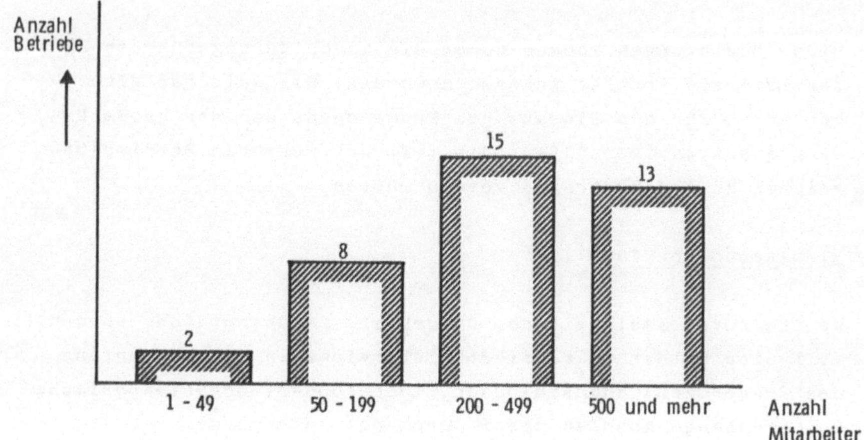

Abb. 5-1: Verteilung der Unternehmen nach der Betriebsgröße

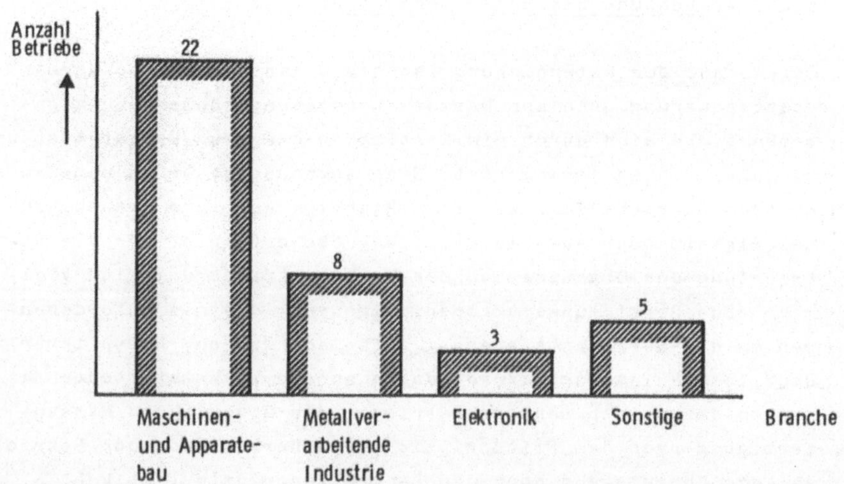

Abb. 5-2: Verteilung der Unternehmen nach der Branchenzugehörigkeit

rückzuführen, die sich in kleineren Betrieben häufig nicht realisieren ließen. Von den 38 untersuchten Betrieben setzten 34 einen oder mehrere Leitstände zur zentralen Werkstattsteuerung ein, insgesamt waren es 38 Leitstände. Die 4 Betriebe ohne Leitstand dienten dem Vergleich und wurden in die Bewertung miteinbezogen. Die Darstellungen zeigen, daß vom Kleinbetrieb mit 11 Mitarbeitern bis zum Großbetrieb mit mehr als 6000 Mitarbeitern ein breites Spektrum an Betrieben unterschiedlicher Branchen (Maschinenbau, metallverarbeitende Industrie, Elektronik und unter den Sonstigen drei holzverarbeitende Betriebe) an der Untersuchung beteiligt war.

Als Geltungsbereich der vorliegenden Untersuchung können daher Betriebe angesehen werden, deren Produktionsprozeß durch Stückgüterfertigung, überwiegend mechanische Technologie, innerbetriebliche Fertigung und wiederholbare, leicht unterbrechbare Fertigungsabläufe gekennzeichnet ist (vgl. LEY 1984, S. 37 und SCHOMBURG 1980, S. 24).

6. Datenauswertung

6.1 Verfahrenswahl

Ziel der Datenauswertung ist es, aus der Fülle von Einzeldaten eine systematische Informationsverdichtung vorzunehmen, um die relevanten Eigenschaften der Objektmenge (38 Betriebe) im Hinblick auf die Anforderungen und die Organisation erkennen zu können und zu interpretationsfähigen Typen zu gelangen. Entsprechend der Zielsetzung, die vorliegenden Informationen so zu verdichten, daß Beziehungen zwischen den Objekten und den sie beschreibenden Merkmalen erkennbar werden, bedarf es geeigneter statistischer Analysemethoden.

Eine Möglichkeit entsprechender Informationsverdichtung bieten multivariate Analysemethoden, denen gemeinsam ist, daß sie die Beziehungen zwischen mehreren Merkmalen simultan untersuchen. Da die vorliegende Fragestellung eine Aufteilung von Objekten in Klassen oder Gruppen verlangt, wird die Auswertung des Datenmaterials mit Hilfe der Clusteranalyse vorgenommen.

Die Clusteranalyse - auch als Klassifikation bezeichnet - gestattet es, eine Menge von Objekten anhand ihrer Merkmale in eine überschaubare Zahl möglichst homogener Teilmengen aufzuspalten. Diese Teilmengen weisen hinsichtlich der sie beschreibenden Merkmale eine große Übereinstimmumg, untereinander jedoch geringe Übereinstimmung auf. Sowohl von der Verfahrensweise als auch von der Möglichkeit der inhaltlichen Interpretation ist daher die Clusteranalyse für die vorliegende Fragestellung besonders geeignet.

Auf eine detaillierte Darstellung des Verfahrens der Clusteranalyse soll an dieser Stelle verzichtet werden. Ausführliche Beschreibungen der Vorgehensweise und praktizierter Anwendungen finden sich bei BOCK (1974), VOGEL (1975) und STEINHAUSEN (1977). Beispiele für die Anwendung der Clusteranalyse auf organisatorische Fragestellungen finden sich u.a. bei PIEPER (1982), SPEITH (1982), BUSCHOLL (1983), GERLACH (1983) und LEY (1984).

Das Ziel der Clusteranalyse ist die Bildung von Teilmengen, so daß die einer Teilmenge angehörenden Objekte einander möglichst ähnlich und die verschiedenen Teilmengen angehörenden Objekte möglichst unähnlich sind. Diese Zielsetzung impliziert die Existenz einer Beziehung in Form von Ähnlichkeiten (oder Distanzen) zwischen den Objekten aus der betrachteten Gesamtmenge, d.h. im vorliegenden Fall der 38 Betriebe. Diese Ähnlichkeiten werden durch Merkmale erfaßt.

Die Clusteranalyse ist dabei nicht als festgeschriebenes Verfahren zu verstehen, sondern vielmehr als Modell, das unter bestimmten Voraussetzungen eine der Problemstellung angemessene Abbildung des untersuchten Gegenstandsbereichs gestattet. Das Modell muß entsprechend dem Ziel konkretisiert und detailliert werden und führt schließlich zu Ergebnissen, die nicht als richtig oder falsch, sondern vielmehr als dem Untersuchungsziel mehr oder weniger angemessen verstanden werden müssen (vgl. STEINHAUSEN 1977, S. 25; VOGEL 1975, S. 15).

Die Anwendung der Clusteranalyse und eine angemessene Interpretation der Ergebnisse sind nur dann sinnvoll möglich, wenn die sachlichen und formalen Randbedingungen eingehalten werden. Die sachlichen Randbedingungen betreffen die Konkretisierung der Problemstellung und die Auswahl relevanter Merkmale. Diese Voraussetzungen sind durch die Festlegung, die Konzeptualisierung und die Operationalisierung der Variablen erfüllt. Die formalen Randbedingungen betreffen Forderungen an die Art und Qualität der zu verarbeitenden Daten. Die Art der Daten muß in Form einer geeigneten Festlegung des Skalierungsniveaus im Hinblick auf die eingesetzten Verfahren gestaltet werden. An die Qualität der Daten muß die Forderung nach einer Normalverteilung und einer stochastischen Unabhängigkeit, d.h. Unkorreliertheit der Ausgangsdaten, gestellt werden. Die Einhaltung dieser Randbedingungen wird im Anschluß an die Datenerhebung im Rahmen der Aufbereitung der Ausgangsdaten überprüft.

Nach YAMANE (1976, S. 174) kann bei einem Stichprobenumfang von größer als 30 Objekten von einer annähernden Normalverteilung ausgegangen werden. Die stochastische Unabhängigkeit der Merkmale untereinander muß dagegen durch eine Korrelationsanalyse untersucht werden. Korrelationen zwischen den Merkmalen können bewirken, daß einzelne Eigenschaften übergewichtet werden, was zu Fehlinterpretationen der Ergebnisse führen kann. Ein hoher Korrelationskoeffizient r enthält die Aussage, daß die statistische Information, die ein Merkmal über die zu klassifizierenden Objekte liefert, bereits nahezu vollkommen in einem anderen Merkmal enthalten ist. Werden beide Merkmale in die Klassifikation aufgenommen, so hat dies die gleiche Wirkung, als würde ein Merkmal mit doppeltem Gewicht verwendet. VOGEL (1975, S. 59) empfiehlt, daher hochkorrelierte Merkmale ($|r|>0,9$) aus der Klassifikation zu eliminieren.

In engem Zusammenhang mit der Prüfung der stochastischen Unabhängigkeit steht das Problem einer Gewichtung der Merkmale. Es können zwei Möglichkeiten der Gewichtung unterschieden werden. Die interne Gewichtung beruht auf der Gewichtung von Eigenschaften durch Korrelation der Merkmale untereinander. Durch eine unterschiedlich starke Korrelation der Merkmale untereinander ist also in jedem Fall bereits eine interne Gewichtung gegeben. Eine durch den Beurteiler vorgenommene Gewichtung der Merkmale wird dagegen als externe Gewichtung bezeichnet. Eine externe Gewichtung der Merkmale setzt Kenntnisse über die Zusammenhänge der Merkmale vor dem Hintergrund der jeweiligen Zielsetzung voraus. Ob ein Klassifikationsmerkmal für die Bildung von Klassen von größerer oder geringerer Bedeutung ist, kann aber erst nach der Durchführung der Klassifikation anhand der Ergebnisanalyse beurteilt werden. Gegen eine externe Gewichtung wendet VOGEL (1975, S. 70) ein, daß sie einen Teil der eigentlichen Klassenbildung vorwegnehmen und damit das Maß an Objektivität, das eine Klassifikation beanspruchen kann, verringern würde. Eine ausführliche Diskussion der Vor- und Nachteile einer internen und externen Gewichtung der Merkmale findet sich bei VOGEL (1975, S. 70f) und SODEUR (1974, S. 42f).

Die Arbeitsschritte der Datenaufbereitung sind zusammenfassend in Abbildung 6-1 dargestellt. Auf die Überprüfung der Qualität

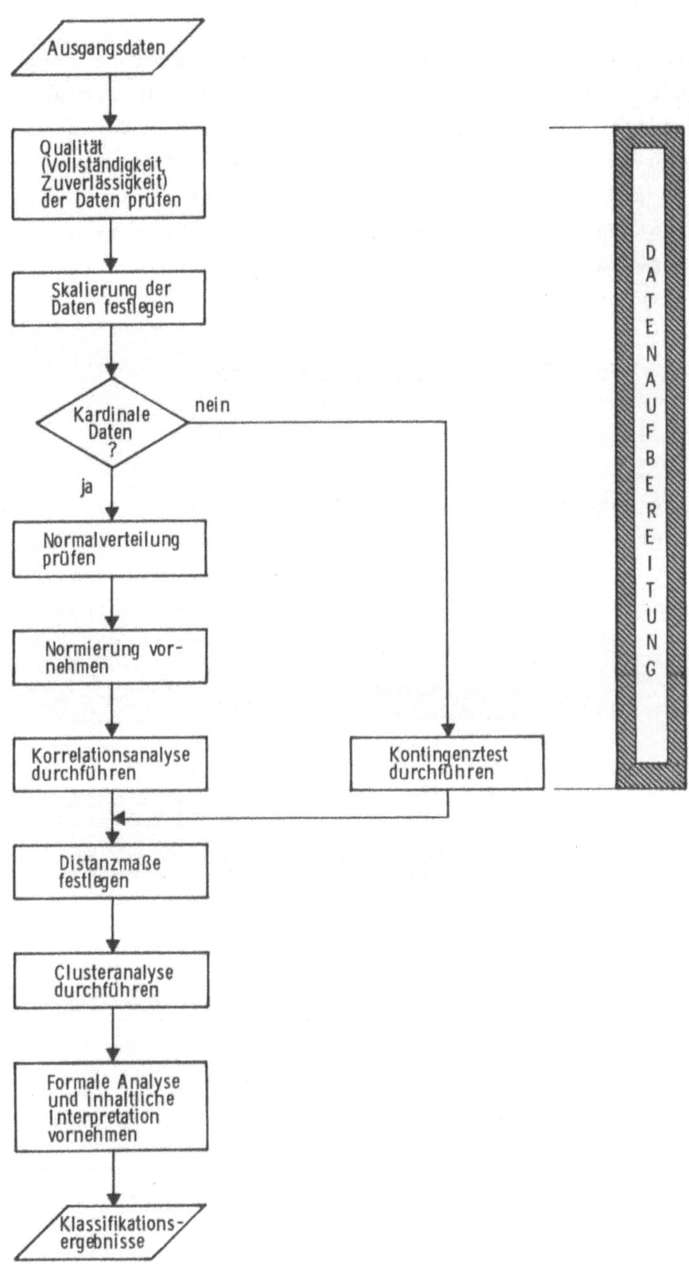

Abb. 6-1: Arbeitsschritte zur Durchführung der Datenaufbereitung für die Clusteranalyse

der Ausgangsdaten wurde bereits in Kapitel 5. eingegangen. Im folgenden wird daher das Skalierungsniveau festgelegt und die quantitativen Ausgangsdaten normiert. Die Normalverteiltheit kann aufgrund der Größe der Stichprobe vorausgesetzt werden, so daß auf einen Ausreißertest verzichtet wird. Die interne Gewichtung der Merkmale wird durch eine Korrelations- bzw. Kontingenzanalyse überprüft. Eine externe Gewichtung wird aus den genannten Gründen nicht vorgenommen.

6.2 Aufbereitung der Ausgangsdaten

6.2.1 Merkmalsskalierung

Eine Beschreibung der Merkmale bzw. Merkmalsausprägungen durch numerische Relationen (Zahlenwerte) ermöglicht es, quantitative und qualitative Merkmale in Abhängigkeit vom Informationsgehalt vier verschiedenen Skalenniveaus zuzuordnen (Abbildung 6-2). Die Skalen sind hierarchisch angeordnet, d.h. daß die

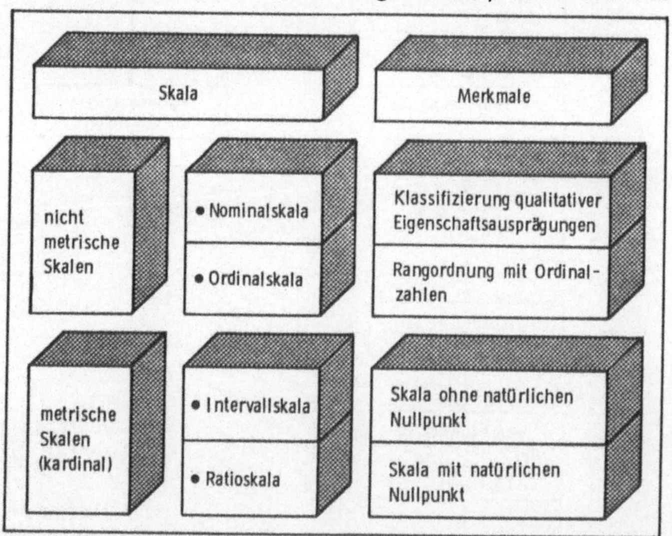

Abb. 6-2: Übersicht über mögliche Merkmalsskalierungen

Eigenschaften der jeweils unteren Skala in der nächst höheren enthalten sind. Hinsichtlich der qualitativen Merkmale läßt sich eine Graduierung in eine Nominal- und eine Ordinalskala vornehmen. Den quantitativen Merkmalen lassen sich dementsprechend eine Intervall- und eine Ratioskala zuordnen.

Eine Nominalskala liegt vor, wenn die Ausprägungen der untersuchten Merkmale durch zugeordnete Zahlen lediglich unterschieden werden sollen. Der Spezialfall nominaler Merkmale - ein binäres oder dichotomes Merkmal - tritt dann ein, wenn ein Merkmal nur zwei Ausprägungen, z.B. vorhanden oder nicht vorhanden, aufweist. Lassen sich die Ausprägungen des untersuchten Merkmals darüber hinaus durch die Zuordnung von Zahlen in eine Rangordnung bringen, liegt eine Ordinalskala vor. Die Rangstufe sagt dabei nichts über die Größe des Unterschiedes zwischen den Merkmalen aus, man spricht von einer partiellen Ordnung.

Können die Ausprägungen des untersuchten Merkmals nicht nur in eine Rangordnung gebracht werden, sondern lassen sich die Abstände der Ausprägungen durch einen räumlichen Abstandsbegriff (Metrik) beschreiben, so liegen intervallskalierte Merkmale vor. Lassen sich die Ausprägungen eines Merkmals so anordnen, daß in Erweiterung der Intervallskala die Position der Elemente relativ zum absoluten Nullpunkt der Skala zahlenmäßig angegeben werden kann, so spricht man von einer Ratioskala. Metrisch skalierte - oder kardinale - Daten enthalten damit Informationen über die Ordnung der Objekte und die Größe der Unterschiede.

Eine Transformation von Daten einer höheren Skala auf eine niedrigere Skala erweist sich als unproblematisch, ist allerdings immer mit einem Informationsverlust verbunden. Der umgekehrte Fall hingegen, Daten eines niedrigeren Niveaus auf ein höheres Niveau zu transformieren, ist nur unter Zuhilfenahme zusätzlicher Informationen gerechtfertigt (STEINHAUSEN 1977, S. 30).

Untersucht man die zugrunde gelegten Ausgangsdaten auf ihre Skalierung, so liegen zwei unterschiedlich skalierte Gruppen vor - nominalskalierte Daten (Organisationsmerkmale und die qualitativen Anforderungsmerkmale) und ratioskalierte Daten (quantitative Anforderungsmerkmale). Die nominalskalierten Merkmale werden für die weitere statistische Vorgehensweise in binäre Merkmale umgewandelt. Weist ein nominales Merkmal n Merkmalsausprägungen auf, so können diese n Merkmalsausprägungen in n binäre Merkmale umgewandelt werden. So hat das nominale Anforderungsmerkmal "Lohnform" drei Merkmalsausprägungen - Zeitlohn, Akkordlohn und Prämienlohn. Nach der Umwandlung stellt jede der drei Merkmalsausprägungen ein eigenständiges, binäres Merkmal dar, das nur zwei Ausprägungen besitzt (0 = nicht vorhanden, 1 = vorhanden). Abbildung 6-3 gibt einen Überblick über die unterschiedlichen Skalierungsniveaus der Ausgangsdaten.

	Anforderungsmerkmale		Organisationsmerkmale	Effizienzmerkmale
	Hauptmerkmale	Ergänzungsmerkm.		
Skalierungsniveau	nominale Daten		nominale Daten	
	binäre Daten	kardinale Daten	binäre Daten	kardinale Daten

Abb. 6-3: Skalierung der Ausgangsdaten

Die vielfach geübte Praxis, betriebstypologische Merkmale wie "Fertigungsart" oder "Erzeugnisspektrum" als ordinale Merkmale zu betrachten, ist hier nicht gewählt worden, weil die Festlegung eines übergeordneten Maßstabs für die Rangfolge problematisch ist. Desweiteren spricht die Möglichkeit, daß mehrere Merkmalsausprägungen (z.B. Werkstattfertigung mit Anteilen an Gruppen-/Linienfertigung) auftreten können, gegen die Anwendung einer Ordinalskala. Obwohl die Effizienzdaten keiner Klassifikation unterzogen werden und daher nicht, wie hier beschrieben, aufbereitet werden müssen, sei der Vollständigkeit halber festgehalten, daß die Effizienzdaten ratioskaliert sind.

6.2.2 Normierung der kardinalen Ausgangsdaten

Die kardinalen Anforderungsmerkmale weisen je nach Merkmal unterschiedliche Wertebereiche auf. So schwanken z.B. die Werte für das Merkmal "durchschnittliche Anzahl Teile pro Enderzeugnis" zwischen 1 und 2500, beim Merkmal "durchschnittliche Anzahl Arbeitsvorgänge dagegen nur zwischen 3 und 20. Durch diese ungleiche Variabilität der Merkmale kommt eine ungleiche Gewichtung zustande, so daß stark variierende Merkmale sehr viel stärker zur Bestimmung der Ähnlichkeiten zwischen den Objekten beitragen als wenig variierende Merkmale. Allein die Tatsache einer starken Variabilität der Merkmale ist jedoch kein Indiz für eine größere Bedeutung dieser Merkmale im Hinblick auf die Klassifikation (vgl. SODEUR 1974, S. 53).

Um die durch die unterschiedliche Variabilität der Merkmale vorhandene Gewichtung auszuschalten, werden die kardinalen Anforderungsdaten einer Normierung - oder auch Standardisierung - unterworfen. In Anlehnung an BOCK (1974, S. 34) und SODEUR (1974, S. 55) werden die kardinalen Anforderungsdaten auf den Mittelwert 0 und die Varianz 1 normiert.

Neben einer Elimination des Streuungseinflusses bedarf die Behandlung von Extremwerten besonders im oberen Wertebereich der Merkmalsausprägungen einer besonderen Berücksichtigung. So kommt dem Übergang der durchschnittlichen Arbeitsvorgangsdauer von 0,04 Stunden auf 4 Stunden im Hinblick auf die Organisation der Werkstattsteuerung eine größere Bedeutung zu als dem Übergang von 44 Stunden auf 48 Stunden. Eine Möglichkeit, den Einfluß überdurchschnittlich hoher Werte zu mildern, stellt das Logarithmieren der Ausgangsdaten dar (PIEPER 1982, S. 80). Diejenigen Daten, deren Differenzen im oberen Wertebereich nicht mehr so stark zur Bestimmung der Ähnlichkeit der Objekte beitragen sollen, werden daher vor der Normierung logarithmiert.

Die Interpretation der Klassifikationsergebnisse wird später stets vor dem Hintergrund der vorgenommenen Normierung der

Ausgangsdaten wie auch der noch zu ermittelnden Korrelationskoeffizienten gesehen werden müssen. Denn obwohl die Normierung der Ausgangsdaten ein wesentlicher Schritt zur Objektivierung der Ergebnisse ist, muß berücksichtigt werden, daß eine derartige Behandlung der Daten nur innerhalb der erst noch zu suchenden Klassen ohne Folgen für die Klassifikation bliebe. Außerdem gilt, daß eine Normierung der Daten zwangsläufig die Unterschiede zwischen den Klassen verringert (vgl. SODEUR 1974, S. 55)

6.2.3 Korrelationsanalyse der kardinalen Ausgangsdaten

Die Prüfung der stochastischen Unabhängigkeit der einzelnen Merkmale einer Merkmalsgruppe (Anforderungsmerkmale oder Organisationsmerkmale) untereinander erfolgt mit Hilfe der Korrelationsanalyse. Die dabei festgestellten Zusammenhänge sind nicht notwendigerweise kausaler Natur, sondern können auch rein formal bedingt sein. Um so wichtiger ist eine Kenntnis der Abhängigkeiten für die spätere Interpretation der Klassifikationsergebnisse.

Die Auswahl eines geeigneten Klassifikationsverfahrens setzt Kenntnisse über die Skalierung und Verteilungsform der Daten voraus. Die Ausgangsdaten werden dabei, wie bereits erwähnt, aufgrund der Größe der Stichprobe als annähernd normalverteilt betrachtet. Einen Überblick über die Anwendung verschiedener Korrelationsverfahren in Abhängigkeit vom Skalierungsniveau gibt Abbildung 6-4. Da die Ausgangsdaten zwei unterschiedliche Skalierungsniveaus aufweisen, müssen auch unterschiedliche Korrelationsverfahren eingesetzt werden. Hier wird bereits ein Problem deutlich, das bei der Auswahl geeigneter Distanz- oder Ähnlichkeitsmaße noch besonders hervortreten wird: Die Anforderungsdaten liegen in zwei unterschiedlichen Skalierungsniveaus vor, wodurch eine gemeinsame Korrelation nicht realisierbar ist. Die Auswahl der Anforderungsmerkmale in Form von Haupt- und Ergänzungsmerkmalen macht aber bereits die vorhandenen kausalen Zusammenhänge zwischen den binären Hauptmerkmalen und den kardinalen Ergänzungsmerkmalen sichtbar. Die Korrelation er-

Skalierung von Y / Skalierung von X	kardinal	ordinal	nominal
kardinal	Bravais-Pearson-Korrelationskoeffizient		
ordinal		Rangkorrelationskoeffizient von Spearman	
nominal			Kontingenzkoeffizient

Abb. 6-4: Einsatz verschiedener, gängiger Korrelationskoeffizienten in Abhängigkeit vom vorliegenden Skalenniveau (in Anlehnung an BAMBERG/BAUR 1980, S. 36)

folgt also getrennt für die kardinalen Anforderungsmerkmale mit Hilfe des Korrelationskoeffizienten nach BRAVAIS-PEARSON und für die binären Anforderungsmerkmale und die binären Organisationsmerkmale jeweils durch einen Kontingenzkoeffizienten.

Der Produkt-Moment-Korrelationskoeffizient nach BRAVAIS-PEARSON wird durch folgenden Ausdruck beschrieben (BAMBERG/BAUR 1980, S. 36):

$$r_{xy} = \frac{\sum_{i=1}^{n} (x_i - \bar{x}) \cdot (y_i - \bar{y})}{\sqrt{\sum_{i=1}^{n} (x_i - \bar{x})^2 \cdot \sum_{i=1}^{n} (y_i - \bar{y})^2}}$$

x_i und y_i sind die kardinalen Merkmalsausprägungen der beiden betrachteten Merkmale x und y, deren arithmetische Mittelwerte durch $\bar{x}$ und $\bar{y}$ gebildet werden. Der Korrelationskoeffizient r liegt im Intervall [-1; 1], wobei $r_{xy} = r_{yx}$ gilt.

Die Berechnung der Korrelationskoeffizienten erfolgte mit dem Programm KORRC aus der Programmbibliothek des Forschungsinstituts für Rationalisierung (vgl. SIMON 1985). Die so ermittelten Korrelationskoeffizienten weisen keine Werte größer als $|r|=0,5$

auf. Damit kann die Bedingung der stochastischen Unabhängigkeit zur Durchführung der Klassifikation für die kardinalen Anforderungsdaten als erfüllt angesehen werden (vgl. VOGEL 1975, S. 59f).

6.2.4 Kontingenztest der binären Ausgangsdaten

Die Überprüfung der stochastischen Unabhängigkeit der binären Anforderungs- und Organisationsmerkmale erfolgt mit Hilfe der Betrachtung jeweils zweier Merkmale als Kontingenztafel. Da es sich um zweiwertige Merkmale handelt, ergibt sich eine Vierfeldertafel. Sofern ein stochastischer Zusammenhang zwischen zwei Merkmalen besteht, kann die Stärke dieses Zusammenhangs durch den Kontingenzkoeffizienten von PEARSON angegeben werden. Die Berechnung des Kontingenzkoeffizienten erfolgt nach BAMBERG/ BAUR (1980, S. 41):

$$k = \sqrt{\frac{\chi^2}{n + \chi^2}} \quad \text{mit} \quad \chi^2 = \sum_{i=1}^{k} \sum_{j=1}^{l} \frac{(h_{ij} - \tilde{h}_{ij})^2}{\tilde{h}_{ij}} \quad \text{und} \quad \tilde{h}_{ij} = \frac{h_{i.} \cdot h_{.j}}{n}$$

wobei $h_{i.}$ und $h_{.j}$ die Randhäufigkeiten der Vierfeldertafel und n die Größe der Stichprobe repräsentieren. Abbildung 6-5 zeigt die Berechnung des Kontingenzkoeffizienten anhand des Beispiels für den Kontingenzkoeffizienten zwischen Merkmal 1 und Merkmal 2 der binären Anforderungsmerkmale.

Merkmal 1 / Merkmal 2	1	0	Randhäufigkeit $h_{i.}$
1	7	17	24
0	9	5	14
Randhäufigkeit $h_{.j}$	16	22	n = 38

$\tilde{h}_{11} = 10,11$; $\tilde{h}_{12} = 13,89$; $\tilde{h}_{21} = 5,89$; $\tilde{h}_{22} = 8,11$

$\chi^2 = 4,47$; $k = 0,324$

Abb. 6-5: Berechnung des Kontingenzkoeffizienten zwischen Merkmal 1 und Merkmal 2 binären Anforderungsmerkmale

Der so berechnete Kontingenzkoeffizient ist nicht invariant gegenüber Schwankungen der Zeilenzahl k und der Spaltenzahl l der betrachtenden Kontingenztafel. Da die hier zu untersuchenden nominalen Merkmale jedoch alle nur zwei Ausprägungen aufweisen, kann stets eine Vierfeldertafel zugrunde gelegt werden, so daß auf die Berechnung eines korrigierten Kontingenzkoeffizienten (vgl. SACHS 1984, S.372; BAMBERG/BAUR 1980, S. 40) verzichtet wird. Die Berechnung der Kontingenzkoeffizienten erfolgte mit dem Programm KORRC aus der Programmbibliothek des Forschungsinstituts für Rationalisierung (vgl. SIMON 1985).

Die Festlegung eines Grenzkoeffizienten zur Beurteilung der stochastischen Unabhängigkeit von nominalen, speziell von binären Merkmalen erweist sich als schwierig. VOGEL (1975, S. 61) empfiehlt aber, sich an dem für metrisch skalierte Merkmale gewählten Grenzkoeffizienten zu orientieren. Somit soll für eine Beurteilung der Kontingenzkoeffizienten ein Grenzwert von k = 0,5 zugrundegelegt werden. Da die hohe Anzahl binärer Merkmale eine einzelne Betrachtung der Kontingenzkoeffizienten aus Platzgründen nicht erlaubt, sollen nur jene Werte betrachtet werden, die den Grenzkoeffizienten erreichen bzw. überschreiten.

Bei den binären Anforderungsmerkmalen tritt eine Überschreitung des Grenzwertes nur für die Kontingenzkoeffizienten zwischen dem Merkmal "mehrteilige, einfache Struktur" und dem Merkmal "mehrteilige, komplexe Struktur" mit k = 0,52 auf. Der Kontingenzkoeffizient für das Merkmal "Werkstattfertigung" und das Merkmal "Einzel-, Kleinserienfertigung" erreicht mit k = 0,5 den Grenzwert. Da es sich hierbei aber um einen grundlegenden Zusammenhang für die Untersuchung der Werkstattsteuerung handelt, erscheint dieser Wert nicht als kritisch, sondern stellt eine nicht unerwünschte interne Gewichtung dar.

Die Kontingenzkoeffizienten der sechs Datengruppen der binären Organisationsmerkmale zeigt Abbildung 6-6. Die Überschreitungen des Grenzwertes sind überwiegend gering. Der relativ hohe Kontingenzkoeffizient von k = 0,64 bei zwei Merkmalen der Arbeitszuteilung ist darauf zurückzuführen, daß die Merkmale in der Regel unterschiedliche Werte aufweisen, d.h. wenn das eine Merkmal den Wert 0 hat, hat das andere den Wert 1 und umgekehrt.

Die Betrachtung der Kontingenzkoeffizienten kann dahingehend abgeschlossen werden, daß die Höhe der stochastischen Abhängigkeiten zwischen den binären Merkmalen im Hinblick auf die Klassifikation als unkritisch angesehen werden kann.

6.3 Quantifizierung der Ähnlichkeit der Objekte

Ausgehend von den die Objekte, d.h. hier die 38 Betriebe, charakterisierenden Daten besteht die Zielsetzung der Clusteranalyse in der Zusammenfassung der Objekte zu Gruppen. Die Objekte einer Gruppe sollen dabei weitgehend verwandte Eigenschaften aufweisen. Demgegenüber sollten zwischen den Gruppen möglichst große Unterschiede bestehen, beschrieben durch die jeweils bestimmenden Merkmalsausprägungen. Aufgrund des wesentlichen Charakteristikums der Clusteranalyse, des gleichzeitigen Heranziehens aller vorliegenden Merkmale zur Gruppenbildung, läßt sich der Ablauf in zwei grundlegende Schritte unterteilen:

1. Schritt: Es werden für jeweils zwei Objekte die Ausprägungen der Merkmale überprüft, und man versucht, durch einen Zahlenwert die Unterschiede bzw. Übereinstimmungen zu messen. Der so ermittelte Zahlenwert symbolisiert die Ähnlichkeit bzw. Unähnlichkeit der Objekte hinsichtlich der untersuchten Merkmale.

2. Schritt: Aufgrund der ermittelten Zahlenwerte werden die Objekte so zu Gruppen zusammengefaßt, daß sich die Objekte mit weitgehend übereinstimmenden Ei-

Werkstattauftragsverwaltung,
Belegerstellung und -verwaltung
Werkstattauftragsfortschrittsüberwachung

	k	
Werkstattauftragsverwaltung durch Hängetaschenordner	0,50	Werkstattauftragsfortschritts-überwachung durch Meister
Werkstattauftragsfortschritts-überwachung durch Leitstand	0,51	Werkstattauftragsfortschritts-überwachung durch Fertigungssteuerung
Belegerstellung 1 Tag bis 1 Woche vor Fertigungbeginn	0,53	Belegerstellung kürzer als 1 Woche vor Fertigungbeginn
Belegverwaltung durch Leitstand	0,59	Belegverwaltung durch Fertigungssteuerung

Kapazitätsbelegungsplanung

	k	
Zeiteinheit der Vorplanung kleiner als 0,5 Std.	0,50	Zeiteinheit der Vorplanung 0,5 Std. bis 1 Std.
Vorplanungszeitraum größer als 15 Tage	0,50	Vorplanung aller Arbeits-vorgänge eines Auftrags
Vorplanung nur des 1. bzw. des nächsten Arbeitsvorgangs	0,51	
Vorplanung zeitgenau (Zeitstrahl)	0,55	

Verfügbarkeitsprüfung
Bereitstellung

alle Kontingenzkoeffizienten kleiner als k = 0,5

Arbeitszuteilung

	k	
Arbeitszuteilung durch Leitstand	0,52	Werker empfängt Arbeitszuteilungs-anweisung des Leitstands
Arbeitszuteilung durch Meister	0,64	

Betriebsdatenerfassung

	k	
Handaufschreibung Gutstückzahl eines Loses, zentrale EDV-Eingabe	0,50	Handaufschreibung der Fertigmeldung Arbeitsvorgang, zentrale EDV-Eingabe
	0,50	nur Handaufschreibung der Gutstückzahl eines Loses
nur Handaufschreibung der Fertigmeldung Arbeitsvorgang	0,59	
Fertigmeldung Arbeitsvorgang mit BDE-Terminal	0,53	Erfassung Gutstückzahl eines Loses mit BDE-Terminal
Erfassung Unterbrechungsgrund mit BDE-Terminal	0,57	

Arbeitsvorgangsüberwachung

	k	
Arbeitsvorgangsüberwachung durch den Meister	0,59	Arbeitsvorgangsüberwachung durch den Leitstand
Überwachung der Bereitstellung	0,55	
	0,61	Überwachung vorbereitender Tätigkeiten

Abb. 6-6: Kontingenzkoeffizienten der binären Organisationsmerkmale ($k \geq 0,5$)

Während die bisher durchgeführten Schritte zur Datenaufbereitung dazu dienten, den Nachweis der stochastischen Unabhängigkeit der Merkmale und Informationen über die interne Gewichtung als Grundvoraussetzung für ihre Verwendung im Rahmen des Klassifikationsverfahrens zu erbringen, charakterisieren diese oben genannten Teilschritte den eigentlichen Clusteranalysealgorithmus. Vor der Gruppenbildung müssen daher Möglichkeiten zur Quantifizierung der Ähnlichkeit bzw. Unähnlichkeit zwischen den Objekten gefunden werden.

In Abhängigkeit vom jeweiligen Skalenniveau der Merkmale stehen eine Vielzahl von Ähnlichkeits- und Distanzmaßen zur Verfügung (vgl. BOCK 1974, STEINHAUSEN 1977). Abbildung 6-7 zeigt für nicht metrische und metrische Skalen die am häufigsten verwendeten Maße.

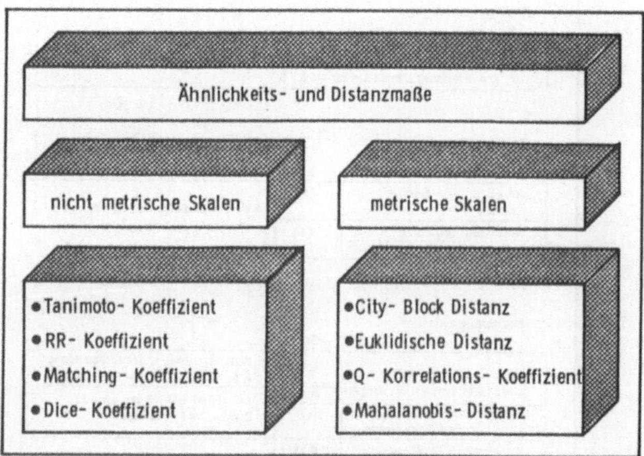

Abb. 6-7: Ähnlichkeits- und Distanzmaße in Abhängigkeit von der Merkmalsskalierung

Binäre Daten

Die hier aufgeführten Maße für nicht metrische Skalen setzen binäre Daten voraus. Für die Berechnung dieser Koeffizienten wird in Paarvergleichen die Übereinstimmung oder Nichtübereinstimmung der Merkmalsausprägungen in Anlehnung an die Auswertung einer Vierfeldertafel betrachtet. Die Koeffizienten werden als Ähnlichkeitsmaße s bezeichnet. Die vier genannten Koeffizienten unterscheiden sich in der unterschiedlichen Berücksichtigung von positiven Übereinstimmungen (beide Merkmale gleich 1) oder negativen Übereinstimmungen (beide Merkmale gleich 0). Der Matching-Koeffizient s_M berücksichtigt als einziger positive und negative Übereinstimmungen in gleichem Maße:

$$s_M = \frac{\text{Anzahl positive Übereinstimmungen + Anzahl negative Übereinstimmungen}}{\text{Größe der Stichprobe}}$$

Da eine unterschiedliche Berücksichtigung des Zusammentreffens verschiedener Merkmalsausprägungen nicht gerechtfertigt erscheint, wird für die Berechnung der Ähnlichkeiten auf der Basis der binären Merkmale der Matching-Koeffizient gewählt.

Kardinale Daten

Weisen die Merkmale ein metrisches Skalenniveau auf, so wird zur Bestimmung der Ähnlichkeit zwischen den Objekten eine Distanz ermittelt. Eine kleine Distanz zweier Objekte impliziert eine große Ähnlichkeit, demgegenüber weist eine große Distanz auf eine geringe Ähnlichkeit der Objekte hin. Die in Abbildung 6-7 aufgeführten Maße für metrische Skalen werden dementsprechend Distanzmaße genannt. Eine Überführung von Ähnlichkeitsmaßen s in Distanzmaße d kann über die Beziehung d = 1 - s erfolgen. Von den in Abbildung 6-7 aufgeführten Distanzmaßen stellen die euklidische Distanz d_E

$$d_{Eik} = \sum_{j=1}^{n} \sqrt{(x_{ij} - x_{kj})^2}$$

und die quadrierte euklidische Distanz d_{E^2}

$$d_{E^2ik} = \sum_{j=1}^{n} (x_{ij} - x_{kj})^2$$

die am häufigsten verwendeten Distanzmaße dar. Da die euklidischen Distanzen mit der Maßeinheit und der Variabilität der Merkmale variieren, wird häufig eine Normierung empfohlen (vgl. VOGEL 1975, S. 85). Eine weitere Voraussetzung für die Anwendung der euklidischen Distanz ist die Unkorreliertheit der Merkmale. Andererseits wäre es bei völliger Unkorreliertheit unmöglich, Klassen ähnlicher Objekte zu bilden (vgl. VOGEL

1975, S. 52). Durch die Normierung der Daten und den Nachweis einer relativen Unkorreliertheit können die Voraussetzungen für eine sinnvolle Anwendung einer euklidischen Distanz als gegeben angesehen werden. Da durch die Normierung und vor allem die Logarithmierung der Ausgangsdaten die absoluten Distanzen verringert worden sind, soll für die Klassifikation der kardinalen Daten die quadrierte euklidische Distanz verwendet werden, die eine stärkere Distanzenbildung bewirkt. Die Berechnung der Distanzmatrix für die kardinalen Anforderungsdaten erfolgte mit dem Programm DISSEU aus der Programmbibliothek des Forschungsinstituts für Rationalisierung (vgl. SIMOM 1985).

Gemischte Daten

Ein Problem, das in der einschlägigen Literatur in der Regel nur angerissen wird, in der praktischen Anwendung von Klassifikationsverfahren dagegen häufiger auftritt, ist das Vorhandensein unterschiedlich skalierter Merkmale, die zur Gruppenbildung gemeinsam herangezogen werden sollen. Derartige Merkmale werden auch als gemischte Merkmale (mixed data) bezeichnet.

Die Empfehlungen in der Literatur beschränken sich neben dem generellen Hinweis, möglichst gleich skalierte Merkmale zu verwenden, im wesentlichen auf eine mögliche Niveau-Regression der höher skalierten Merkmale (vgl. STEINHAUSEN 1977, S. 63; SCHUCHARD-FICHER 1982, S. 125; VOGEL 1975, S. 11). Eine derartige Niveau-Regression ist zwar möglich, jedoch immer mit einem Informationsverlust verbunden. Eine Niveau-Progression der niedriger skalierten Daten ist in aller Regel nicht möglich, da zusätzliche Information benötigt wird. Der Vorschlag von VOGEL (1975, S. 71), die Klassifikation nur auf der Basis der kardinal skalierten Merkmale vorzunehmen, wenn diese zahlreicher als die nicht metrisch skalierten sind, würde im vorliegenden Fall einen für die Klassenbildung relevanten Informationsverlust bedeuten.

Eine für die vorliegende Problemstellung praktikable Lösung skizziert SCHUCHARD-FICHER (1982, S. 124). Die Ähnlichkeits-

bzw. Distanzmaße für die nicht metrischen und die metrischen Merkmale werden getrennt ermittelt. Die Gesamtähnlichkeit wird anschließend als gewichteter oder ungewichteter, arithmethischer Mittelwert gebildet.

Bei der praktischen Anwendung dieser Vorgehensweise ergab sich das Problem unterschiedlich hoher Distanzwerte für die kardinalen Anforderungsdaten, die mit der quadrierten euklidischen Distanz berechnet worden waren, und der nominalen Anforderungsdaten, deren Distanzen mit Hilfe des Matching-Koeffizienten ermittelt worden waren. Vor einer Mittelwertbildung wurden daher die Distanzmaße der kardinalen auf das Niveau der nominalen Daten normiert.

Diese Normierung erfolgte über die Berechnung der Summe aller Distanzen für beide Matrizen und somit den Vergleich der durchschnittlichen Distanzen. Eine Gewichtung der einzelnen Distanzen wurde insofern vorgenommen, als die Distanzen der 44 binären Anforderungsmerkmale mit dem Faktor 12 gewichtet wurden, da sie auf der Basis von 12 nominalen Merkmalen gebildet worden waren. Die Anzahl der kardinalen Anforderungsmerkmale ergab unter Abzug der Spannweitenfaktoren den Gewichtungsfaktor 8 für die Distanzen der kardinalen Daten. Die Distanzen der modifizierten Distanzmatrix g_{ik}, d.h. die Distanz zwischen dem Betrieb i und dem Betrieb k, wurden folgendermaßen ermittelt:

$$g_{ik} = 0{,}5\,(S_{Mik} + F \cdot d_{E}{2}_{ik})$$

mit dem Faktor F für die Normierung und Gewichtung:

$$F = \frac{\sum_{i=1}^{n} \sum_{k=1}^{n} S_{Mik}}{\sum_{i=1}^{n} \sum_{k=1}^{n} d_{E}{2}_{ik}} \cdot \frac{12}{8} \quad .$$

Zusammenfassend bleibt festzustellen, daß somit sowohl für die gemischten Anforderungsdaten als auch für die binären Organisationsdaten jeweils Distanzen zwischen den Objekten mit Hilfe eines geeigneten Distanz- bzw. Ähnlichkeitsmaßes gefunden werden konnten. Darauf aufbauend kann im folgenden die eigentliche Klassifikation durchgeführt werden.

6.4 Wahl geeigneter Klassifikationsverfahren

Nachdem die Ähnlichkeits- und Distanzmaße bestimmt sind, muß nun ein geeignetes Klassifikationsverfahren ausgewählt werden. Wichtigen Einfluß auf die Eignung des Klassifikationsverfahrens hat das gewählte Ähnlichkeits- bzw. Distanzmaß, die Anzahl der zu klassifizierenden Objekte, die erforderliche Interpretationsfähigkeit der Ergebnisse und die Leistungsfähigkeit des Algorithmus zur Optimierung des jeweiligen Gütekriteriums bei einer relativ gleichmäßigen Gruppenbildung. Eine ausführliche Beschreibung der bekannten Clusteranalysealgorithmen findet sich in der einschlägigen Literatur, so daß hier nur die für die Wahl der Klassifikationsverfahren ausschlaggebenden Überlegungen skizziert werden sollen.

Die für die vorliegende Problemstellung relevanten Verfahren werden häufig nach der Form des Gruppierungsresultats in hierarische und partitionierende Verfahren unterteilt. Der Vorteil partitionierender Klassifikationsverfahren ist vor allem darin zu sehen, daß die Zuordnung von Objekten zu Gruppen nicht endgültig ist, sondern im Verlauf der Klassifikation rückgängig gemacht werden kann. Nachteilig wirkt sich dagegen aus, daß die Anzahl zu bildender Klassen a priori festgelegt werden muß. Ein weiterer Nachteil besteht in der relativ starken Abhängigkeit der Leistungsfähigkeit des Verfahrens von der Datenstruktur. Hinzu kommt, daß hierarchische Verfahren allgemein als wirtschaftlicher in Bezug auf den benötigten Rechenaufwand angesehen werden. VOGEL (1975, S. 353) schlägt deshalb vor, sofern keine Anhaltspunkte für die Anzahl der zu bildenden Klassen vorliegen, hierarchische Verfahren vorzuziehen.

In Untersuchungen mit vergleichbarer Datenstruktur hat es sich bewährt, eine erste Gruppenbildung auf der Basis eines hierarchischen Verfahrens durchzuführen und gegebenenfalls durch eine anschließende Anwendung eines partitionierenden Verfahrens zu verbessern (vgl. LEY 1984, RABUS 1980).

Den hierarchischen Verfahren ist gemeinsam, daß sie auf unterschiedlichen Distanz- oder Ähnlichkeitsebenen Gruppen der Objekte konstruieren. Dabei lassen sich nach der Art des Gruppierungsprozesses agglomerative und divisive Verfahren unterscheiden. Während die agglomerativen Verfahren eine Gruppenbildung durch Zusammenfassung von Gruppen zu größeren Gruppen vornehmen, sind die divisiven Verfahren durch eine Aufteilung von Gruppen charakterisiert.

Eine Anwendung der divisiven Verfahren findet sich selten, da sie als weniger leistungsfähig im Vergleich zu den agglomerativen Verfahren gelten (VOGEL 1975, S. 349). Bei den hierarchisch agglomerativen Verfahren lassen sich die Entropieanalyse und rekursive Verfahren unterscheiden. Die Entropieanalyse oder auch Information Analysis arbeitet mit einem auf der Informationstheorie basierenden Maßstab für den Heterogenitätszuwachs bei der Vereinigung von Gruppen auf der Basis der relativen Häufigkeiten. Eine erfolgreiche Anwendung dieses Verfahrens stellt z.B. die Arbeit von JÜTTING (1985) dar. VOGEL (1975, S. 350) beurteilt die Entropieanalyse als eines der leistungsfähigsten Klassifikationsverfahren überhaupt. Für die vorliegenden Daten kann dieses Verfahren aber nicht eingesetzt werden, da es ausschließlich für binäre Merkmale angewendet werden kann.

Die rekursiven Verfahren gehen bei m Objekten von m Klassen aus und fassen jeweils jene Klassen, deren Distanz am geringsten ist, zusammen, bis alle Objekte in einer Klasse vereinigt sind. Die Berechnung der Distanzen der Klassen erfolgt dabei mit Hilfe einer Rekursionsformel. Die Berechnung der Distanz $D(A_i,A)$ zwischen einer durch Fusion entstehenden Klasse $A = A_r + A_s$ und einer Klasse A_i erfolgt nach BOCK (1974, S. 404) mit:

$$D(A_i,A) = \alpha_s \cdot D(A_i,A_s) + \alpha_r \cdot D(A_i,A_r) + \beta \cdot D(A_r,A_s) + \gamma \cdot |D(A_i,A_r) - D(A_i,A_s)|$$

Die einzelnen Algorithmen der rekursiven Verfahren unterscheiden sich durch die Parameter α_s, α_r, β, und γ. Die so gefundene hierarchische Struktur läßt sich anschaulich grafisch verdeutlichen. Abbildung 6-8 zeigt ein derartiges Dendrogramm. Die Güte der Klassifikation läßt sich bei einer Analyse des Dendrogramms gut vergleichen, wobei das Heterogenitätsmaß $h(A) = D(A_r, A_s)$ Aufschluß über die Homogenität der Klassen gibt.

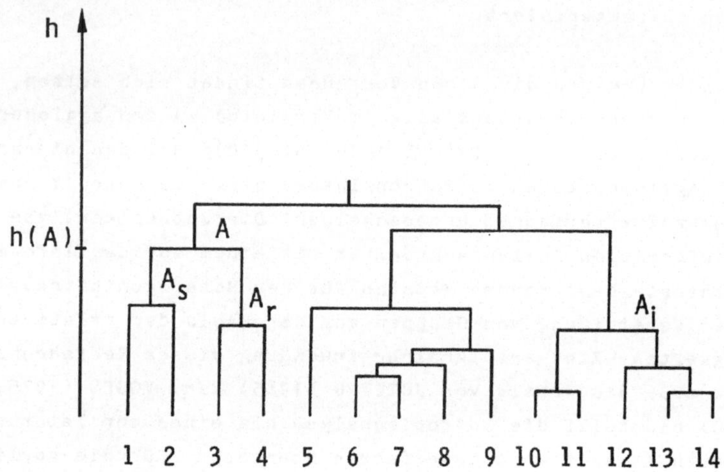

Abb. 6-8: Prinzipskizze eines Dendrogramms

Von den in der Literatur beschriebenen Algorithmen auf der Basis der oben angeführten Rekursionsformel scheiden eine ganze Reihe für die hier betrachtete Problemstellung aus, da sie nur für bestimmte Distanzen oder Ähnlichkeitsmaße anwendbar sind, Verkettungen der zu klassifizierenden Objekte bewirken oder die Gruppierungsstruktur nicht deutlich machen (vgl. BOCK 1974, S. 404f; STEINHAUSEN 1977, S. 93; LEY 1984, S. 88). Für VOGEL (1975, S. 350) stellt das Verfahren nach WARD das leistungsfähigste der rekursiven Verfahren dar. In den Arbeiten von LEY (1984), BUSCHOLL (1983) und RABUS (1980) wurde ebenfalls das Verfahren von WARD erfolgreich eingesetzt. Da die vorliegende Datenstruktur vergleichbar ist, soll die Klassifikation der Anforderungs- und Organisationsdaten mit Hilfe des WARD-Verfahrens durchgeführt werden.

Das WARD-Verfahren zeichnet sich dadurch aus, daß es für beliebige Distanzmaße anwendbar ist. Im Gegensatz zu anderen Verfahren geht es nicht darum, bei jedem Schritt die beiden ähnlichsten Gruppen zu fusionieren, sondern eine möglichst homogene Gruppierung dadurch zu konstruieren, daß man sukzessiv jeweils diejenigen Gruppen fusioniert, die den geringsten Zuwachs an Heterogenität liefern (vgl. STEINHAUSEN 1977, S. 80).

Sofern die Anwendung des WARD-Verfahrens zur Klassifikation der Objekte auf der Basis der Anforderungs- und Organisationsdaten nicht zu einem Ergebnis führen sollte, das im Hinblick auf eine eindeutige, gut abgegrenzte Gruppenbildung und die anschließende inhaltliche Interpretation als zufriedenstellend angesehen werden kann, so bietet sich eine Verbesserung der erreichten Gruppenbildung mit Hilfe eines partitionierenden Verfahrens an. Im Gegensatz zu hierarchischen Klassifikationsverfahren gehen partitionierende Verfahren von einer Anfangsgruppierung aus und verbessern die Güte der Klassifikation durch Verschieben von Objekten.

Zu den am häufigsten angewandten partitionierenden Verfahren zählen das Minimaldistanz- und das Austausch-Verfahren. Beide Verfahren basieren auf der Anwendung des Varianzkriteriums als Gütefunktion. Dieses Varianzkriterium definiert den Abstand zwischen den Klassen mit Hilfe der euklidischen Distanz. Beim Austausch-Verfahren ist jedoch auch eine Verallgemeinerung des Varianzkriteriums als Gütefunktion anwendbar, wodurch im Gegensatz zum Minimaldistanz-Verfahren auch andere Distanz- oder Ähnlichkeitsmaße verwendet werden können. Die Gütefunktion ergibt sich damit zu (vgl. STEINHAUSEN 1977, S. 136; LEY 1984, S.91)

$$g(A) = \sum_{i=1} \frac{1}{n_i} \sum_{k \varepsilon A_i} \sum_{j \varepsilon A_i} d_{kj}$$

mit n_i = Anzahl der Objekte der Klasse i

d_{kj} = Distanz zwischen den Objekten k und j .

Die Möglichkeit zur Verwendung beliebiger Distanzmaße sowie die Tendenz zur Erzeugung homogenerer Klassen (vgl. STEINHAUSEN 1977, S. 91) bestimmen somit die Eignung des Austausch-Verfahrens.

6.5 Durchführung der Klassifikation

6.5.1 Ermittlung von Organisationsformen

Basis für die Ermittlung von typischen Organisationsformen sind die Organisationsdaten der 38 Betriebe. Diese Daten wurden nach funktionalen Gesichtspunkten zu sechs Datengruppen zusammengefaßt (vgl. Kapitel 4.2.2). Eine Klassifikation mit den Daten zu sämtlichen Organisationsmerkmalen soll nicht durchgeführt werden, da die Vielzahl theoretisch möglicher Klassen und die damit verbundene geringe Trennschärfe eine Interpretation der Ergebnisse und die Entwicklung von Entscheidungshilfen erschwert. Vielmehr soll die Analyse der Ergebnisse dadurch erleichtert werden, daß zuerst für jede der sechs Datengruppen Klassen gebildet werden.

Die Distanzmatrix für jede der sechs Datengruppen wurde mit Hilfe des Matching-Koeffizienten berechnet und anschließend eine Klassifikation nach dem WARD-Algorithmus durchgeführt. Die Klassifikation erfolgte mit dem Programm CLUSTER aus der Programmbibliothek des Forschungsinstituts für Rationalisierung (vgl. SIMON 1985). Abbildung 6-9 zeigt exemplarisch das Dendrogramm für die Klassifikation auf der Basis der Organisationsdaten zur Funktion Betriebsdatenerfassung. Die gestrichelte Linie zeigt die gewählte Klassenzahl von drei Klassen. Dieses Dendrogramm - wie auch die Dendrogramme der übrigen Datengruppen - zeigen eine sehr klare Struktur der Gruppenbildung, so daß auf eine Verbesserung der Güte der Gruppenbildung durch ein partitionierendes Verfahren verzichtet werden konnte. In diesem Schritt stand weniger die Homogenität der Klassen als vielmehr die Verdichtung der organisatorischen Gestaltungsmöglichkeiten zu sinnvollen, durch praktische Erfahrungen bestätigten Typen für die einzelnen Funktionen im Vordergrund.

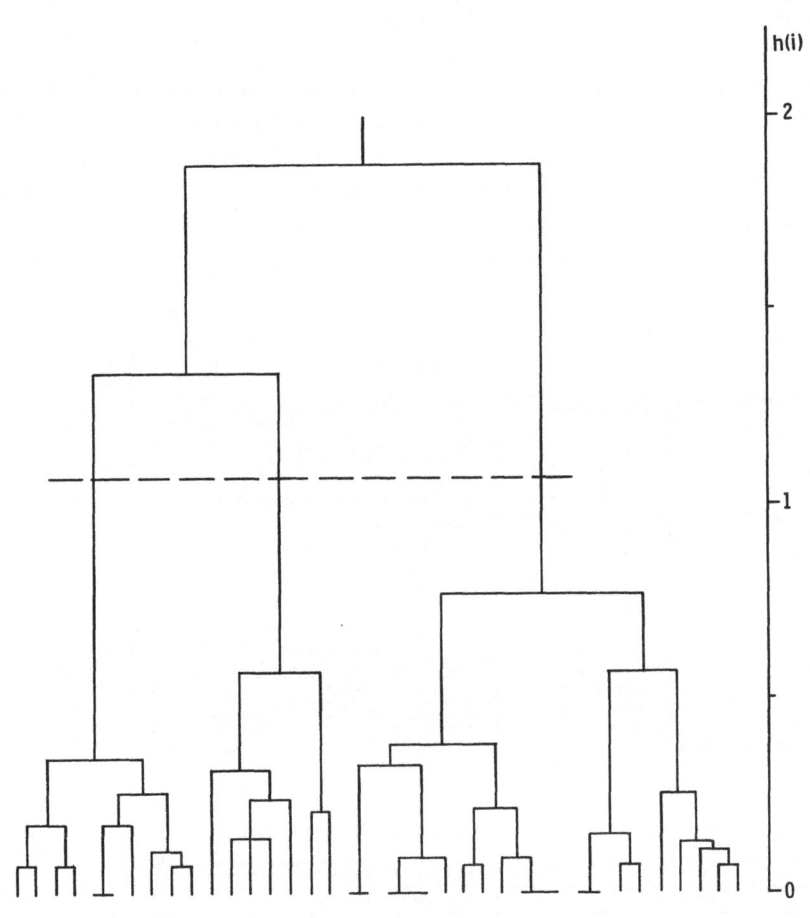

D1(I)	H1(I)
1	
21	0.07
4	0.18
12	0.07
11	0.35
36	0.00
35	0.18
25	0.26
28	0.11
30	0.07
5	1.34
7	0.32
14	0.14
16	0.14
22	0.24
19	0.57
37	0.21
2	1.87
18	0.00
6	0.33
29	0.00
32	0.00
20	0.09
8	0.38
33	0.07
10	0.22
24	0.09
26	0.00
27	0.00
3	0.77
23	0.00
13	0.15
31	0.07
9	0.57
15	0.26
17	0.13
34	0.11
38	0.07

GRUPPIERUNG BEI 3 CLUSTERN:

ELEMENTE DER GRUPPE 1: 1 21 4 12 11 36 35 25 28 30

ELEMENTE DER GRUPPE 2: 5 7 14 16 22 19 37

ELEMENTE DER GRUPPE 3: 2 18 6 29 32 20 8 33 10 24 26 27 3 23 13 31 9 15 17 34 38

Abb. 6-9: Dendrogramm für die Funktion "Betriebsdatenerfassung" unter Verwendung des WARD-Verfahrens

Die für die Datengruppen ermittelten Klassen von Objekten wurden im folgenden im Hinblick auf die sie beschreibenden Merkmale analysiert. Die so gefundenen Kombinationen von Organisationsmerkmalen für die sechs Funktionen sollen als funktionale Organisationstypen bezeichnet werden. Diese funktionalen Organisationstypen werden in Abbildung 6-10 am Beispiel der Funktion "Betriebsdatenerfassung" erläutert.

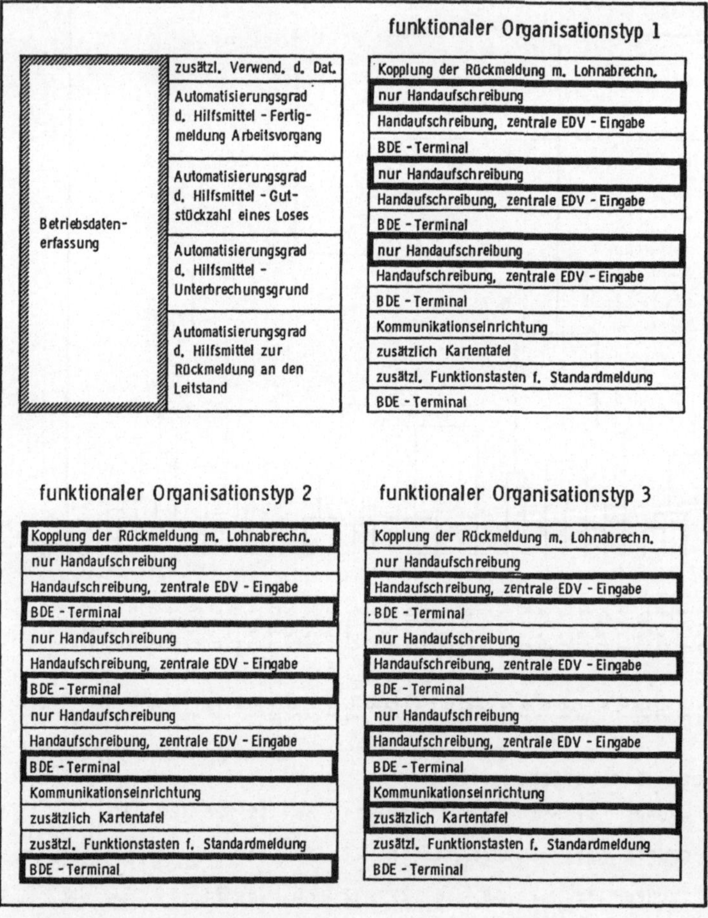

Abb. 6-10: Funktionale Organisationstypen der Betriebsdatenerfassung

Der erste funktionale Organisationstyp der Betriebsdatenerfassung ist durch eine ausschließliche Handaufschreibung der Daten geprägt. Der zweite Organisationstyp repräsentiert die stärkste Form der EDV-Unterstützung durch den Einsatz von BDE-Terminals, über die auch die Rückmeldungen an den Leitstand abgewickelt werden. Dieser Organisationstyp ist der einzige, bei dem häufig eine Kopplung der Rückmeldung mit der Lohnabrechnung vorgenommen wird. Der dritte funktionale Organisationstyp sieht eine zentrale Eingabe der Betriebsdaten in die EDV nach vorangegangener Handaufschreibung vor. Die Rückmeldung an den Leitstand erfolgt mit Hilfe einer Kommunikationseinrichtung, die durch eine Kartentafel ergänzt wird.

Die Reihenfolge der Darstellung der Organisationstypen entspricht der Gruppenbildung durch das Klassifikationsverfahren. An dieser Stelle wird nochmals deutlich, daß die Reihenfolge der Klassen in keiner Weise inhaltlich geprägt ist, sondern nur im Hinblick auf den Heterogenitätszuwachs entsteht.

Abbildung 6-11 zeigt eine Zusammenstellung der Klassifikationsergebnisse für alle sechs Datengruppen und die Anzahl der gebildeten Klassen. Da aus Platzgründen auf eine Darstellung der Dendrodramme verzichtet werden soll, ist in der Zusammenstellung das Heterogenitätsniveau, auf dem sich die jeweiligen Klassen gebildet haben, angegeben. Eine gute Abschätzung der relativen Größe der Heterogenität der gebildeten Klassen im Verhältnis zur Gesamtheit aller Objekte bietet die Abschätzung der Heterogenität h(i) der jeweiligen Gruppe i mit dem Heterogenitätsmaß H, das das Niveau einer Vereinigung aller Objekte in einer Klasse angibt.

Aus den gefundenen Organisationstypen für die sechs Datengruppen ließen sich jetzt durch Kombination jeweils eines Organisationstyps für jede Datengruppe $5 \cdot 5 \cdot 6 \cdot 5 \cdot 3 \cdot 4 = 9000$ verschiedene Organisationsformen der Werkstattsteuerung bilden. Diese Zahl macht deutlich, daß hier eine weitere Informationsverdichtung vorgenommen werden muß. Zu diesem Zweck wird für jede Datengruppe ein nominales Merkmal definiert, wobei die Anzahl der

Klassenbildung nach dem WARD - Verfahren	Heterogenitätsniveau .h
Werkstattauftragsverwaltung, Belegerstellung und -verwaltung, Werkstattauftragsfortschrittsüberwachung	
5 Klassen H = 1,62	
Klasse 1 : 1 3 28 35 12 34 4 17 10	0,54
Klasse 2 : 5 11 32 23 31 19 20	0,65
Klasse 3 : 6 9 24 37 36 7 29 22	0,45
Klasse 4 : 2 14 38 15 16	0,41
Klasse 5 : 8 18 21 30 13 27 33 26 25	0,65
Kapazitätsbelegungsplanung	
5 Klassen H = 1,83	
Klasse 1 : 1 8 31 29 32	0,66
Klasse 2 : 2 21 7 18 30 5 10 14 22	0,56
Klasse 3 : 15 25 20 35 37 36	0,42
Klasse 4 : 3 34 26 4 28 13 19 6 9 27 33 11 24 23	0,64
Klasse 5 : 12 16 17 38	0,25
Verfügbarkeitsprüfung, Bereitstellung	
6 Klassen H = 1,56	
Klasse 1 : 1 16 30 18 5 14 31 13	0,45
Klasse 2 : 4 36 29 6 23 35 25 11 24 26 8 12	0,41
Klasse 3 : 2 10 21 15 38	0,38
Klasse 4 : 3 27 20 28 37	0,50
Klasse 5 : 7 17 19	0,28
Klasse 6 : 9 33 22 32 34	0,38
Arbeitszuteilung	
5 Klassen H = 1,97	
Klasse 1 : 1 8 14 31	0,43
Klasse 2 : 2 30 21 18	0,12
Klasse 3 : 5 22 29 36 38 17 27 32	0,44
Klasse 4 : 3 28 37 6 12 35 7 16 24 25 33 9	0,70
Klasse 5 : 4 26 10 11 13 20 19 34 15 23	0,67
Betriebsdatenerfassung	
3 Klasse H = 1,87	
Klasse 1 : 1 21 4 12 11 36 35 25 28 30	0,35
Klasse 2 : 5 7 14 16 22 19 37	0,57
Klasse 3 : 2 18 6 29 32 20 8 33 10 24 26 27 3 23 13 31 9 15 17 34 38	0,77
Arbeitsvorgangsüberwachung	
4 Klassen H = 2,70	
Klasse 1 : 1 18 30 2 38 5 21 22 29	0,81
Klasse 2 : 3 4 19 23 15 26 17 34 25 37	0,55
Klasse 3 : 7 36 20 13 27 28 32	0,30
Klasse 4 : 6 10 35 8 24 9 33 11 14 31 12 16	0,55

Abb. 6-11: Klassifikation der Organisationsdaten nach dem WARD-Verfahren

Ausprägungen entsprechend der Klassenzahl, d.h. der Anzahl funktionaler Organisationstypen, festgelegt wird:

Merkmal 1:	Werkstattauftragsverwaltung, Belegerstellung und -verwaltung, Werkstattauftragsfortschritts-überwachung	5 Ausprägungen
Merkmal 2:	Kapazitätsbelegungsplanung	5 Ausprägungen
Merkmal 3:	Verfügbarkeitsprüfung, Bereitstellung	6 Ausprägungen
Merkmal 4:	Arbeitszuteilung	5 Ausprägungen
Merkmal 5:	Betriebsdatenerfassung	3 Ausprägungen
Merkmal 6:	Arbeitsvorgangsüberwachung	4 Ausprägungen

Durch eine Zuordnung der jeweiligen Merkmalsausprägung aufgrund der Klassenzugehörigkeit eines Objektes (d.h. eines Betriebes) wurde eine verdichtete Datenmatrix für die Organisationsdaten aufgestellt. Dieses Vorgehen soll am Beispiel des Betriebs 10 veranschaulicht werden. Abbildung 6-11 zeigt, daß der Betrieb 10 beim ersten Merkmal der 1. Klasse angehört, also die Merkmalsausprägung 1 hat. Bezüglich des zweiten Merkmals ist der Betrieb in Klasse 2 und in Klasse 3 beim dritten Merkmal usw. Für den Betrieb 10 ergibt sich somit folgender Datensatz: 1, 2, 3, 5, 3, 4.

Wichtig ist in diesem Zusammenhang, daß die Zahlenwerte für die Merkmalsausprägungen keinerlei Rangfolge wiedergeben, sondern ausschließlich zur Identifikation nominaler Merkmalsausprägungen dienen. Aus diesem Grund wurde für die Aufstellung der Distanzmatrix auch wiederum der Matching-Koeffizient gewählt. Anschließend erfolgte eine Klassifikation nach dem WARD-Verfahren. Das Ergebnis der Klassifikation ist in Form eines Dendrogramms in Abbildung 6-12 dargestellt. Das Dendrogramm zeigt,

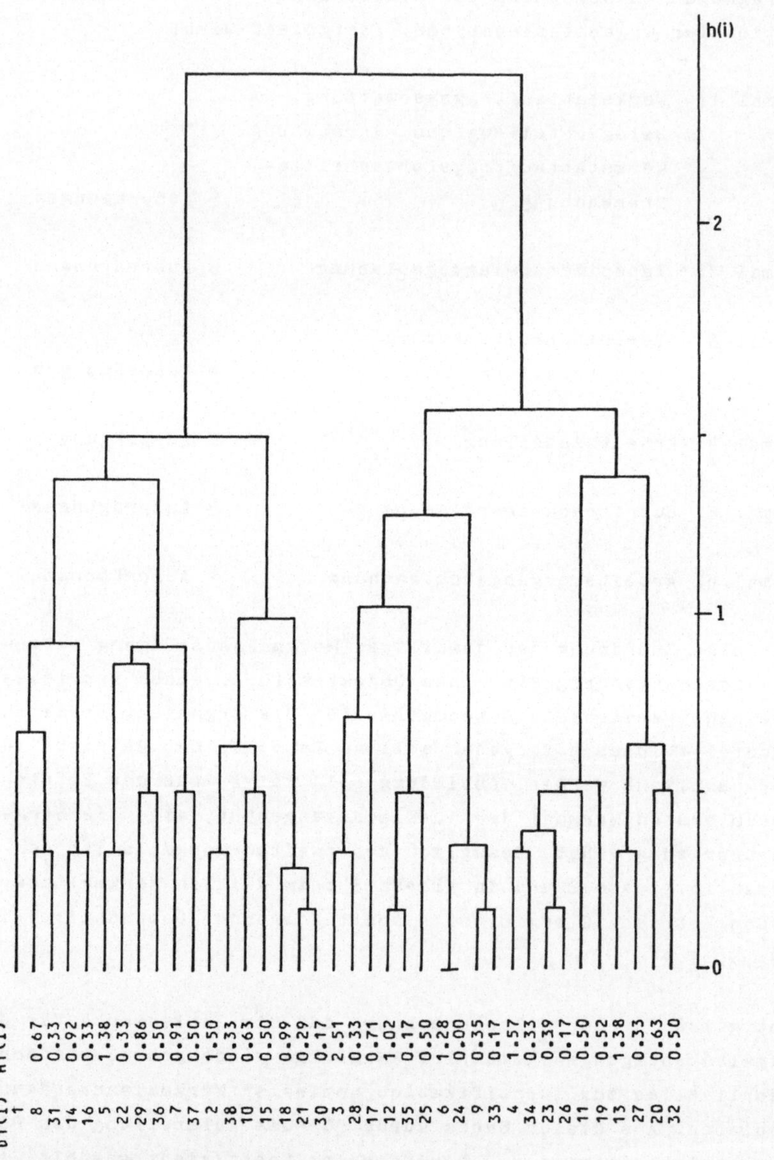

<u>Abb. 6-12</u>: Dendrogramm zur Bestimmung der Organisationsformen (WARD-Verfahren)

daß sich zwei in etwa gleich große Gruppen von Objekten deutlich separieren lassen. Auf einem Heterogenitätsniveau von kleiner als h = 1,28 läßt sich die Gesamtheit der Objekte in sieben Klassen einteilen, wobei der Heterogenitätszuwachs zu einem weiteren Zusammenschluß Δh = 0,26 beträgt.

Da diese formale Analyse des Klassifikationsergebnisses allein noch keinen befriedigenden Rückschluß auf die Anzahl der zu bildenden Klassen ergab, wurde eine inhaltliche Interpretation der durch die Klassen repräsentierten Organisationsformen für 4, 5, 6 und 7 Klassen vorgenommen. Diese Interpretation zeigte sehr deutlich, daß eine Unterscheidung in sieben Klassen zu teilweise nur geringen Unterschieden in den gebildeten Organisationsformen führt und damit eine Zuordnung zu einem Anforderungsprofil schwierig ist. Die bei einer Unterteilung in fünf Klassen gebildeten Organisationsformen wiesen sowohl eine gute Unterscheidbarkeit bei ausreichender Differenzierung organisatorischer Gestaltungsalternativen als auch eine gute Übereinstimmung mit den in den Betriebsuntersuchungen gewonnenen Erfahrungen auf. Daher erschien eine Unterteilung in fünf Klassen angebracht. Das Dendrogramm weist jedoch auf dem Heterogenitätsniveau von h = 1,38 einen Heterogenitätszuwachs von weniger als Δh = 0,01 auf.

Zur Absicherung der Entscheidung für eine Teilung in fünf Klassen wurde daher eine Verbesserung des Ergebnisses mit Hilfe des Austausch-Verfahrens durchgeführt. Die Klassenbildung nach dem WARD-Verfahren bildete dabei die Anfangspartition. Die Anwendung des Austausch-Verfahrens erfolgte mit dem Programm AUST aus der Programmbibliothek des Forschungsinstituts für Rationalisierung (vgl. SIMON 1985). Die Ergebnisse der Klassifikation zeigt Abbildung 6-13. Diejenigen Objekte, die durch das Austausch-Verfahren die Klassenzugehörigkeit gewechselt haben, sind dabei in der alten Klasse mit einem Kreuz gekennzeichnet und in der neuen Klasse mit einem Kreis versehen.

Eine Betrachtung der Gütefunktion g zeigt eine deutliche Verbesserung der "Güte" der Klassifikation mit zunehmender Klas-

Klassenbildung nach dem Austausch - Verfahren	Klassen-homogenität E
4 Klassen g = 10,139	
Klasse 1 : 1 5 ~~7~~ 8 14 ~~16~~ 22 29 31 (32) ~~36~~ ~~37~~ (38)	2,741
Klasse 2 : 2 ~~10~~ ~~15~~ 18 21 30 ~~38~~	0,458
Klasse 3 : ~~3~~ 6 (7) 9 12 (16) ~~17~~ 24 25 28 33 35 (36) (37)	3,389
Klasse 4 : (3) 4 (10) 11 13 (15) (17) 19 20 23 26 27 ~~32~~ 34	3,551
5 Klassen g = 9,282	
Klasse 1 : 1 8 14 16 31	1,200
Klasse 2 : 5 7 (17) 22 (27) 29 (32) 36 ~~37~~ (38)	2,741
Klasse 3 : 2 ~~10~~ ~~15~~ 18 21 30 ~~38~~	0,458
Klasse 4 : 3 6 9 12 ~~17~~ 24 25 28 33 35 (37)	2,433
Klasse 5 : 4 (10) 11 13 (15) 19 20 23 26 ~~27~~ ~~32~~ 34	2,450
6 Klassen g = 8,650	
Klasse 1 : 1 8 14 16 31	1,200
Klasse 2 : 5 7 22 27 29 36 37	1,611
Klasse 3 : 2 ~~10~~ ~~15~~ 18 21 30 38	0,867
Klasse 4 : 3 6 9 12 ~~17~~ 24 25 28 33 35	2,037
Klasse 5 : 4 (10) 11 (15) (17) 19 23 26 34	2,185
Klasse 6 : 13 20 27 32	0,750
7 Klassen g = 7,826	
Klasse 1 : 1 8 14 16 31	1,200
Klasse 2 : 5 ~~7~~ 22 29 ~~36~~ ~~37~~ (38)	0,833
Klasse 3 : 2 ~~10~~ ~~15~~ 18 21 30 ~~38~~	0,458
Klasse 4 : ~~3~~ (7) 12 ~~17~~ 25 28 35 (36) (37)	1,810
Klasse 5 : 6 9 24 33	0,292
Klasse 6 : (3) 4 (10) 11 (15) (17) 19 23 26 34	2,483
Klasse 7 : 13 20 27 32	0,750

Abb. 6-13: Klassifikation der Organisationsdaten nach dem Austausch-Verfahren

senzahl durch eine Verringerung von g. Die Differenz von $\Delta g = 0{,}632$ bei einem Übergang von fünf auf sechs Klassen zeigt, daß durch die Anwendung des Austausch-Verfahrens größere Unterschiede in der Qualität der Klassenbildung erreicht werden konnten. Damit kann die durch das Austausch-Verfahren verbesserte Klassifikation in fünf Klassen als geeignetes statistisches Ergebnis angesehen werden, das im folgenden einer inhaltlichen Interpretation bedarf.

Entsprechend der Festlegung der Klassenzahl werden also 5 typische Organisationsformen der Werkstattsteuerung unterschieden. Jede dieser Organisationsformen ergibt sich als Kombination der zuvor ermittelten funktionalen Organisationstypen (Abbildung 6-14). In den Fällen, wo nicht ein funktionaler Organisationstyp als charakteristisch für die betrachtete Organisationsform erkannt werden konnte, wurden zwei Organisationstypen alternativ zugelassen, z.B. in dem Fall der Organisationsform III für die Betriebsdatenerfassung. Die Reihenfolge der Numerierung der Organisationsformen entspricht im übrigen nicht der Klassenbildung durch das Klassifikationsverfahren. Durch einen Austausch der ersten und der dritten Klasse konnte vielmehr im Hinblick auf die noch durchzuführende Interpretation ein relativer Zuwachs an Zentralisation und Intensität der Werkstattsteuerung mit aufsteigender Numerierung erreicht werden.

6.5.2 Ermittlung von Anforderungsprofilen

Die Ermittlung von Anforderungsprofilen erfolgte auf der Basis der gemeinsamen Distanzmatrix für die 44 binären und die 12 kardinalen Anforderungsmerkmale (vgl. Kapitel 6.3). Die Durchführung der Klassifikation nach dem WARD-Verfahren wurde ebenfalls mit dem Programm CLUSTER aus der Programmbibliothek des Forschungsinstituts für Rationalisierung (vgl. SIMON 1985) durchgeführt. Das Ergebnis der Klassifikation zeigt Abbildung 6-15 in Form eines Dendrogramms.

ORGANISATIONSFORM I

Betriebe : 2 18 21 30

	funktionaler Organisationstyp					
	1	2	3	4	5	6
Werkstattauftragsverwaltung, Belegerstellung und -verwaltung, Werkstattauftragsfortschrittsüberwachung					●	X
Kapazitätsbelegungsplanung		●				X
Verfügbarkeitsprüfung, Bereitstellung	●		●			
Arbeitszuteilung		●				X
Betriebsdatenerfassung	●		●	X	X	X
Arbeitsvorgangsüberwachung	●				X	X

ORGANISATIONSFORM II

Betriebe : 5 7 17 22 27 29 32 36 38

	funktionaler Organisationstyp					
	1	2	3	4	5	6
Werkstattauftragsverwaltung, Belegerstellung und -verwaltung, Werkstattauftragsfortschrittsüberwachung			●			X
Kapazitätsbelegungsplanung		●				X
Verfügbarkeitsprüfung, Bereitstellung		●				●
Arbeitszuteilung			●			X
Betriebsdatenerfassung		●	●	X	X	X
Arbeitsvorgangsüberwachung	●				X	X

ORGANISATIONSFORM III

Betriebe : 1 8 14 16 31

	funktionaler Organisationstyp					
	1	2	3	4	5	6
Werkstattauftragsverwaltung, Belegerstellung und -verwaltung, Werkstattauftragsfortschrittsüberwachung				●		X
Kapazitätsbelegungsplanung	●					X
Verfügbarkeitsprüfung, Bereitstellung	●					
Arbeitszuteilung	●					X
Betriebsdatenerfassung		●	●	X	X	X
Arbeitsvorgangsüberwachung				●	X	X

ORGANISATIONSFORM IV

Betriebe : 3 6 9 12 24 25 28 33 35 37

	funktionaler Organisationstyp					
	1	2	3	4	5	6
Werkstattauftragsverwaltung, Belegerstellung und -verwaltung, Werkstattauftragsfortschrittsüberwachung	●		●			X
Kapazitätsbelegungsplanung				●		X
Verfügbarkeitsprüfung, Bereitstellung		●				
Arbeitszuteilung				●		X
Betriebsdatenerfassung			●	X	X	X
Arbeitsvorgangsüberwachung				●	X	X

ORGANISATIONSFORM V

Betriebe : 4 10 11 13 15 19 20 23 26 34

	funktionaler Organisationstyp					
	1	2	3	4	5	6
Werkstattauftragsverwaltung, Belegerstellung und -verwaltung, Werkstattauftragsfortschrittsüberwachung		●				X
Kapazitätsbelegungsplanung				●		X
Verfügbarkeitsprüfung, Bereitstellung		●				
Arbeitszuteilung					●	X
Betriebsdatenerfassung			●	X	X	X
Arbeitsvorgangsüberwachung		●			X	X

Abb. 6-14: Darstellung der fünf Organisationsformen als Kombination der funktionalen Organisationstypen

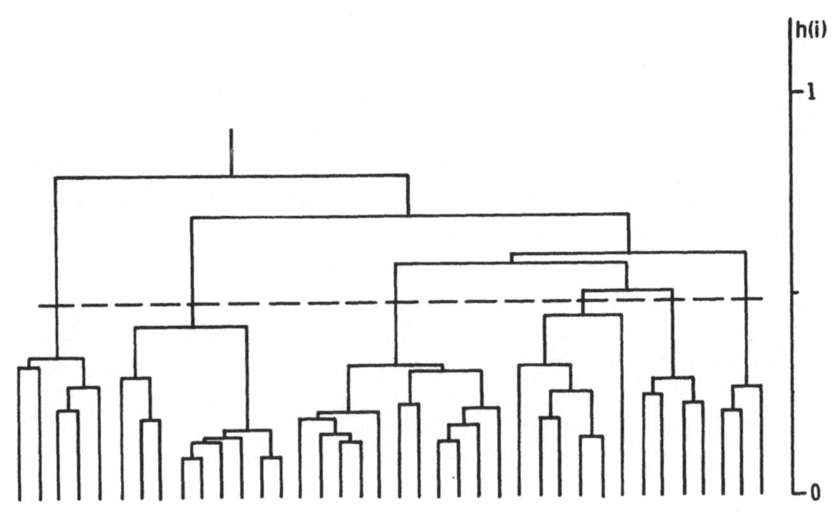

H1(I) 0.33 0.35 0.22 0.28 0.80 0.30 0.20 0.43 0.10 0.14 0.15 0.17 0.10 0.70 0.20 0.16 0.14 0.21 0.33 0.23 0.31 0.14 0.18 0.22 0.58 0.33 0.20 0.26 0.15 0.45 0.51 0.25 0.29 0.23 0.60 0.21 0.27

D1(I) 1 32 8 16 15 2 12 31 4 18 35 26 6 33 3 19 25 29 13 10 21 11 28 23 30 5 14 24 17 34 20 9 27 22 36 7 38 37

GRUPPIERUNG BEI 6 CLUSTERN:

ELEMENTE DER GRUPPE 1: 1 32 8 16 15

ELEMENTE DER GRUPPE 2: 2 12 31 4 18 35 26 6 33

ELEMENTE DER GRUPPE 3: 3 19 25 29 13 10 21 11 28 23 30

ELEMENTE DER GRUPPE 4: 5 14 24 17 34 20

ELEMENTE DER GRUPPE 5: 9 27 22 36

ELEMENTE DER GRUPPE 6: 7 38 37

Abb. 6-15: Dendrogramm zur Bestimmung der Anforderungsprofile (WARD-Verfahren)

In Abbildung 6-15 lassen sich auf einem Heterogenitätsniveau kleiner als h = 0,51 deutlich sechs Klassen separieren, die bis auf die etwas hervorgehobene Differenzierung beim Objekt 20, in sich als relativ homogen betrachtet werden können. Das Heterogenitätsniveau, auf dem sich die Gesamtheit aller Objekte zu einer Klasse vereinigt, liegt mit h = 0,8 deutlich unter dem der Klassifikation auf der Basis der Organisationsdaten. Diese geringe Heterogenität ist auf die im Rahmen der Datenaufbereitung vorgenommenen Maßnahmen zur Normierung und Logarithmierung zurückzuführen. Durch diese Maßnahmen wurde die absolute Grössenordnung der Distanzen zugunsten einer erwarteten Verbesserung der Objektivität reduziert. Vor diesem Hintergrund erscheint die Separierung von sechs Klassen für die anschließende inhaltliche Interpretation eine geeignete Ausgangsbasis zu sein.

7. Entscheidungshilfen zur anforderungsgerechten Gestaltung einer zentralen Werkstattsteuerung

Aufgabe der folgenden Ausführungen wird es sein, die mit Hilfe der Klassifikationsverfahren gewonnenen Ergebnisse inhaltlich zu interpretieren und aufzubereiten. Dabei ist zu beachten, daß die Ergebnisse sowohl von den eingesetzten Klassifikationsverfahren als auch den zuvor als relevant bestimmten Merkmalen abhängen. Erst eine inhaltliche Interpretation und eine sachlogische Überprüfung können daher zeigen, ob die Auswahl der Merkmale, die Vorgehensweise bei der Datenerhebung, die Aufbereitung der Daten, die eingesetzten mathematischen Verfahren zur Datenauswertung sowie letztlich auch die Festlegung der Klassenanzahl zu interpretationsfähigen und in sich schlüssigen Ergebnissen geführt hat.

Im Mittelpunkt der Entscheidungshilfen steht die Bestimmung der geeigneten Organisationsform für jedes Anforderungsprofil. Die hierbei zugrundeliegende Vorgehensweise ist in Abbildung 7-1 skiziert. Da aufgrund der großen Anzahl Merkmale eine gemeinsame Betrachtung der Organisationsformen, Effizienzdaten und Anforderungsprofile zu unübersichtliche wäre, werden zunächst die Organisationsformen dargestellt. Anschließend erfolgt eine Analyse der Effizienzdaten vor dem Hintergrund der Klassifikationsergebnisse. Im letzten Schritt werden die Anforderungsprofile interpretiert und ihnen die geeignete Organisationsform zugewiesen.

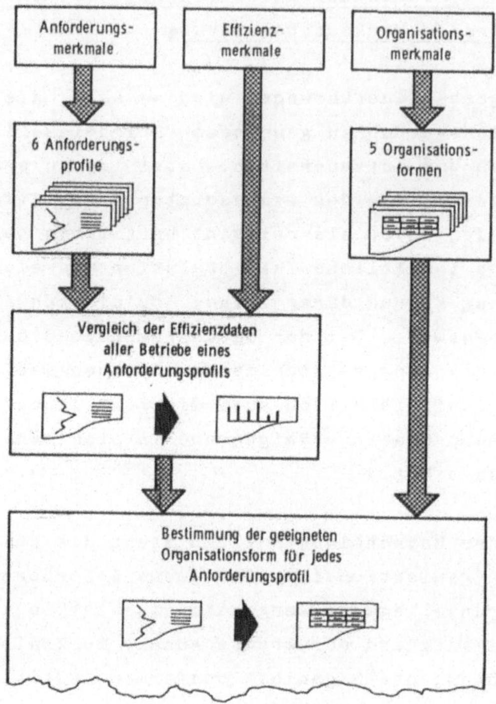

Abb. 7-1: Vorgehensweise zur Bestimmung einer anforderungsgerechten Organisationsform

7.1 Darstellung der Organisationsformen

Bei der Betrachtung der fünf Organisationsformen der Werkstattsteuerung werden die Unterschiede vor allem durch zwei Kriterien deutlich. Einerseits ist dies die Aufgabenverteilung zwischen dem Leitstand und den Meistern oder Vorarbeitern (Zentralisation der Werkstattsteuerung). Andererseits ist dies die Art und der Umfang der Ausführung der Aufgaben der Werkstattsteuerung, z.B. die Detaillierung der verplanten Kapazitätseinheiten, die Planungsfrequenz, die Genauigkeit der Überwachung der Arbeitsvorgänge und des Werkstattauftragsfortschritts (Intensität der Werkstattsteuerung).

Die Organisationsformen sind entsprechend einem zunehmenden Grad an Zentralisation und Intensität geordnet, um die Orientierung zu erleichtern. Da die gefundenen Organisationsformen als Typen zu verstehen sind, sind die Unterschiede zwischen ihnen nicht scharf abgegrenzt, sondern vielmehr fließend oder überlappend. Jede Organisationsform repräsentiert dabei die organisatorischen Ausprägungen der Werkstattsteuerung einer Gruppe von Betrieben, ohne den Detaillierungsgrad einer betriebsindividuellen Konzeption zu erreichen.

In den Abbildungen 7-2 bis 7-6 werden jene Merkmale, die die betrachtete Organisationsform kennzeichnen, durch eine dickere Umrahmung hervorgehoben. In einigen in Abbildung 6-14 bereits dargestellten Fällen wurden zwei Möglichkeiten zur Funktionsausführung angegeben (z.B. Organisationsform II, Betriebsdatenerfassung). Hier sind die möglichen Alternativen nebeneinander aufgeführt.

Organisationsform I (Abbildungen 7-2a und 7-2b)

Die Organisationsform I repräsentiert die "klassische Meisterwirtschaft", bei der nach einer manuellen oder EDV-gestützten Vorplanung der Kapazitätsbelegung die Durchsetzung der Planungsvorgaben allein den Meistern und Vorarbeitern überlassen bleibt.

Das Tätigkeitsbild der Meister und Vorarbeiter ist in starkem Maße von dispositiven und administrativen Aufgaben geprägt. Obwohl für die Auftragsverfolgung in der Regel Terminverfolger eingesetzt werden, ergab eine Befragung der 38 Betriebe, daß insbesondere die Werkstattauftragsfortschrittsüberwachung als zu ungenau und nicht aktuell genug beurteilt wird.

Die Organisationsform I als dezentrale Organisationsform ist dadurch gekennzeichnet, daß die Kapazitätsbelegungsplanung nur in Form einer groben Vorgabe für die Fertigung erfolgt. Diese muß von den Meistern und Vorarbeitern im Hinblick auf die Verfügbarkeit der notwendigen Arbeitsmittel weiter detailiert werden. Aufgrund des eingeschränkten Überblicks über die Situation in der gesamten Fertigung kann daher keine übergreifende Optimierung vorgenommen werden.

Die Arbeitszuteilung erfolgt in größeren Arbeitspaketen früher als einen Tag vor Arbeitsbeginn. Entsprechend wenig intensiv und zeitgenau ist die Arbeitsvorgangsüberwachung, da die Möglichkeit zu einem Vergleich mit Soll-Vorgaben fehlt.

Im Rahmen der statistischen Auswertung wurde diese Organisationsform durch die vier Betriebe gebildet, die keinen Leitstand einsetzen. Da die funktionalen Organisationstypen zuvor auf der Basis aller Betriebe ermittelt wurden, ist bei der handschriftlichen Betriebsdatenerfassung mit zentraler Eingabe in die EDV auch die Kommunikationseinrichtung angegeben, obwohl sie aufgrund des Fehlens eines Leitstands bei diesen vier Betrieben nicht eingesetzt wird.

Funktion	Merkmal	Ausprägung
Werkstattauftragsverwaltung	Automatisierungsgrad der Hilfsmittel	Hängetaschenordner
		PPS - System Anschluß
Belegerstellung und - verwaltung	Automatisierungsgrad der Hilfsmittel und Spezialisierung der Belegerstellung	Drucker im Planungssystem
		Umdruck im Planungssystem
		Drucker im Leitstand
		Umdruck / Zeitstrahlauftragen im Leitstand
	Zeitpunkt der Belegerstellung	kürzer als 1 Tag vor Fertigungsbeginn
		1 Tag bis 1 Woche vor Fertigungsbeginn
		länger als 1 Woche vor Fertigungsbeginn
	Spezialisierung der Belegverwaltung	Leitstand
		Meister
		Fertigungssteuerung
Werkstattauftragsfortschritts-Überwachung	Spezialisierung der Werkstattauftragsfortschrittsüberwachung	Meister
		Leitstand
		Fertigungssteuerung

Funktion	Merkmal	Ausprägung
Kapazitätsbelegungsplanung	Automatisierungsgrad der Hilfsmittel	Plantafel mit Zeitlot
		Plantafel ohne Zeitlot
	Vorplanungszeitraum	kleiner als 5 Tage
		5 Tage bis 15 Tage
		größer als 15 Tage
		zeitgenaue Einplanung (Zeitstrahl)
	Zeiteinheit der Vorplanung	kleiner als 0,5 Std.
		0,5 Std. bis 1 Std.
		größer als 1 Std.
	Intensität der Vorplanung	nur der 1. bzw. der nächste Arbeitsvorgang
		die nachfolgenden 2 bis 3 Arbeitsvorgänge
		alle Arbeitsvorgänge eines Auftrags
	Aktualisierung der Vorplanung	bei jeder Änderung bzw. ständig
		ca. einmal pro Tag
		nur bei gravierenden Änderungen
	Vorplanung von Kontrollvorgängen	generell Einplanung als Arbeitsvorgang
		teilweise Einplanung als Arbeitsvorgang
		Kontrollvorgänge in Übergangszeit enthalten

Funktion	Merkmal	Ausprägung	Ausprägung
Verfügbarkeitsprüfung	Spezialisierung der Verfügbarkeitsprüfung des Materials	Meister	Meister
		Leitstand	Leitstand
		Fertigungssteuerung	Fertigungssteuerung
	Spezialisierung der Verfügbarkeitsprüfung für Werkz. u. Vorricht.	Meister	Meister
		Leitstand	Leitstand
		Fertigungssteuerung	Fertigungssteuerung
Bereitstellung	Spezialisierung der Transportveranlassung	Meister	Meister
		Leitstand	Leitstand
		Fertigungssteuerung	Fertigungssteuerung
	Spezialisierung der Überwachung der Bereitst. d. Aufträge	Meister	Meister
		Leitstand	Leitstand
		Fertigungssteuerung	Fertigungssteuerung
	Prinzip der Zwischenlagerung	zentrales Zwischenlager	zentrales Zwischenlager
		bereichsnahe "Bahnhöfe"	bereichsnahe "Bahnhöfe"
		am nächsten Arbeitsplatz	am nächsten Arbeitsplatz

Abb. 7-2a: Organisationsform I (Teil 1)

Bereich	Merkmal	Ausprägung
Arbeitszuteilung	Spezialisierung der Arbeitszuteilung	**Meister**
		Leitstand
		Fertigungssteuerung
	Zeitpunkt der Arbeitszuteilung	unmittelbar vor Arbeitsbeginn
		ca. 1 Tag vor Arbeitsbeginn
		früher als 1 Tag vor Arbeitsbeginn
	Umfang des zugeteilten Arbeitsvorrates	nur 1 Auftrag
		ca. 1 bis 3 Aufträge
		mehr als 3 Aufträge
	Automatisierungsgrad der Hilfsmittel	Kommunikationseinrichtung
		Komm. einrichtung und Funktionsleuchten
	Empfänger d. Arbeitszuteilungsanw. d. Leitst.	Werker
		Meister

Bereich	Merkmal	Ausprägung	Ausprägung
Betriebsdatenerfassung	zusätzl. Verwend. d. Dat.	Kopplung der Rückmeldung m. Lohnabrechn.	Kopplung der Rückmeldung m. Lohnabrechn.
	Automatisierungsgrad d. Hilfsmittel - Fertigmeldung Arbeitsvorgang	**nur Handaufschreibung**	nur Handaufschreibung
		Handaufschreibung, zentrale EDV - Eingabe	**Handaufschreibung, zentrale EDV - Eingabe**
		BDE - Terminal	BDE - Terminal
	Automatisierungsgrad d. Hilfsmittel - Gutstückzahl eines Loses	**nur Handaufschreibung**	nur Handaufschreibung
		Handaufschreibung, zentrale EDV - Eingabe	**Handaufschreibung, zentrale EDV - Eingabe**
		BDE - Terminal	BDE - Terminal
	Automatisierungsgrad d. Hilfsmittel - Unterbrechungsgrund	**nur Handaufschreibung**	nur Handaufschreibung
		Handaufschreibung, zentrale EDV - Eingabe	**Handaufschreibung, zentrale EDV - Eingabe**
		BDE - Terminal	BDE - Terminal
	Automatisierungsgrad d. Hilfsmittel zur Rückmeldung an den Leitstand	Kommunikationseinrichtung	**Kommunikationseinrichtung**
		zusätzlich Kartentafel	**zusätzlich Kartentafel**
		zusätzl. Funktionstasten f. Standardmeldung	zusätzl. Funktionstasten f. Standardmeldung
		BDE - Terminal	BDE - Terminal

Bereich	Merkmal	Ausprägung
Arbeitsvorgangs-Überwachung	Spezialisierung der Arbeitsvorgangs-Überwachung	**Meister**
		Leitstand
		Fertigungssteuerung
	Überwachg. v. Kontrollvg.	generell Rückmeldung
	Umfang der Arbeitsvorgangsüberwachung	Überwachung der Arbeitsvorgänge " in Arbeit "
		zeitgenaue Überw. der Arbeitsvorgänge " i. A. "
		Überwachung der Kontrollvorgänge
		Überwachung der Transportvorgänge
		Überwachung vorbereitender Tätigkeiten
		Überwachung der Bereitstellung

Abb. 7-2b: Organisationsform I (Teil 2)

<u>Organisationsform II</u> (Abbildungen 7-3a und 7-3b)

Die Organisationsform II weisen überwiegend größere Betriebe auf, die in der Regel bereits über umfangreiche EDV-Unterstützung für die Produktionsplanung und -steuerung verfügen.

Die Verwaltung der Werkstattaufträge wird mit Hilfe von Hängetaschenordnern durchgeführt, während die Belege EDV-gestützt im Planungssystem erstellt werden. Die Belegverwaltung sowie die Werkstattauftragsfortschrittsüberwachung führt der Leitstand durch.

Die Kapazitätsbelegungsplanung beschränkt sich auf eine kurzfristige grobe Planung, häufig in Verbindung mit einer wöchentlichen Vorgabe aus der Kapazitätsplanung eines EDV-gestützten PPS-Systems, die dem Leitstand als Vorgabe dient. Die Plantafel als Hilfsmittel zur Kapazitätsbelegungsplanung wird nur in geringem Umfang eingesetzt.

Die Verfügbarkeitsprüfung und Bereitstellung können auf unterschiedliche Weise mit mehr oder weniger starker Einbeziehung der Führungskräfte in der Werkstat durchgeführt werden. Dabei führt der Leitstand in jedem Fall die Verfügbarkeitsprüfung für das Material durch und überwacht die Bereitstellung der Aufträge am nächsten Arbeitsplatz. Diese Bereitstellung erfolgt entweder direkt am nächsten Arbeitsplatz oder in bereichsnahen Bereitstellungsplätzen, sogenannten "Bahnhöfen".

An der Art der Arbeitszuteilung zeigt sich deutlich, daß bei dieser Organisationsform der Grad an Zentralisation der Werkstattsteuerung relativ gering ist. Die Arbeitszuteilung erfolgt durch den Meister nach Anweisung des Leitstands, wobei je nach Arbeitsvorgangsdauer zwischen 1 und 3 Aufträgen zugeteilt werden. Die Betriebsdatenerfassung findet EDV-gestützt entweder dezentral über BDE-Terminals oder zentral nach Handaufschreibung statt. Der Meister übernimmt die Überwachung der Arbeitsvorgänge.

Funktion	Merkmal	Ausprägung	Ausprägung
Werkstattauftragsverwaltung	Automatisierungsgrad der Hilfsmittel	**Hängetaschenordner**	
		PPS - System Anschluß	
Belegerstellung und -verwaltung	Automatisierungsgrad der Hilfsmittel und Spezialisierung der Belegerstellung	**Drucker im Planungssystem**	
		Umdruck im Planungssystem	
		Drucker im Leitstand	
		Umdruck / Zeitstrahlauftragen im Leitstand	
	Zeitpunkt der Belegerstellung	kürzer als 1 Tag vor Fertigungsbeginn	
		1 Tag bis 1 Woche vor Fertigungsbeginn	
		länger als 1 Woche vor Fertigungsbeginn	
	Spezialisierung der Belegverwaltung	**Leitstand**	
		Meister	
		Fertigungssteuerung	
Werkstattauftragsfortschrittsüberwachung	Spezialisierung der Werkstattauftragsfortschrittsüberwachung	Meister	
		Leitstand	
		Fertigungssteuerung	
Kapazitätsbelegungsplanung	Automatisierungsgrad der Hilfsmittel	Plantafel mit Zeitlot	
		Plantafel ohne Zeitlot	
	Vorplanungszeitraum	**kleiner als 5 Tage**	
		5 Tage bis 15 Tage	
		größer als 15 Tage	
	Zeiteinheit der Vorplanung	zeitgenaue Einplanung (Zeitstrahl)	
		kleiner als 0,5 Std.	
		0,5 Std. bis 1 Std.	
		größer als 1 Std.	
	Intensität der Vorplanung	nur der 1. bzw. der nächste Arbeitsvorgang	
		die nachfolgenden 2 bis 3 Arbeitsvorgänge	
		alle Arbeitsvorgänge eines Auftrags	
	Aktualisierung der Vorplanung	bei jeder Änderung bzw. ständig	
		ca. einmal pro Tag	
		nur bei gravierenden Änderungen	
	Vorplanung von Kontrollvorgängen	generell Einplanung als Arbeitsvorgang	
		teilweise Einplanung als Arbeitsvorgang	
		Kontrollvorgänge in Übergangszeit enthalten	
Verfügbarkeitsprüfung	Spezialisierung der Verfügbarkeitsprüfung des Materials	Meister	Meister
		Leitstand	**Leitstand**
		Fertigungssteuerung	Fertigungssteuerung
	Spezialisierung der Verfügbarkeitsprüfung für Werkz. u. Vorricht.	**Meister**	Meister
		Leitstand	**Leitstand**
		Fertigungssteuerung	Fertigungssteuerung
Bereitstellung	Spezialisierung der Transportveranlassung	**Meister**	**Meister**
		Leitstand	Leitstand
		Fertigungssteuerung	Fertigungssteuerung
	Spezialisierung der Überwachung der Bereitst. d. Aufträge	Meister	Meister
		Leitstand	**Leitstand**
		Fertigungssteuerung	Fertigungssteuerung
	Prinzip der Zwischenlagerung	zentrales Zwischenlager	zentrales Zwischenlager
		bereichsnahe "Bahnhöfe"	**bereichsnahe "Bahnhöfe"**
		am nächsten Arbeitsplatz	am nächsten Arbeitsplatz

Abb. 7-3a: Organisationsform II (Teil 1)

Arbeitszuteilung	Spezialisierung der Arbeitszuteilung	**Meister**
		Leitstand
		Fertigungssteuerung
	Zeitpunkt der Arbeitszuteilung	unmittelbar vor Arbeitsbeginn
		ca. 1 Tag vor Arbeitsbeginn
		früher als 1 Tag vor Arbeitsbeginn
	Umfang des zugeteilten Arbeitsvorrates	nur 1 Auftrag
		ca. 1 bis 3 Aufträge
		mehr als 3 Aufträge
	Automatisierungsgrad der Hilfsmittel	Kommunikationseinrichtung
		Komm.einrichtung und Funktionsleuchten
	Empfänger d. Arbeitszuteilungsanw. d. Leitst.	Werker
		Meister

Betriebsdatenerfassung	zusätzl. Verwend. d. Dat.	**Kopplung der Rückmeldung m. Lohnabrechn.**	Kopplung der Rückmeldung m. Lohnabrechn.
	Automatisierungsgrad d. Hilfsmittel - Fertigmeldung Arbeitsvorgang	nur Handaufschreibung	nur Handaufschreibung
		Handaufschreibung, zentrale EDV - Eingabe	**Handaufschreibung, zentrale EDV - Eingabe**
		BDE - Terminal	BDE - Terminal
	Automatisierungsgrad d. Hilfsmittel - Gutstückzahl eines Loses	nur Handaufschreibung	nur Handaufschreibung
		Handaufschreibung, zentrale EDV - Eingabe	**Handaufschreibung, zentrale EDV - Eingabe**
		BDE - Terminal	BDE - Terminal
	Automatisierungsgrad d. Hilfsmittel - Unterbrechungsgrund	nur Handaufschreibung	nur Handaufschreibung
		Handaufschreibung, zentrale EDV - Eingabe	**Handaufschreibung, zentrale EDV - Eingabe**
		BDE - Terminal	BDE - Terminal
	Automatisierungsgrad d. Hilfsmittel zur Rückmeldung an den Leitstand	Kommunikationseinrichtung	**Kommunikationseinrichtung**
		zusätzlich Kartentafel	**zusätzlich Kartentafel**
		zusätzl. Funktionstasten f. Standardmeldung	zusätzl. Funktionstasten f. Standardmeldung
		BDE - Terminal	BDE - Terminal

Arbeitsvorgangs-Überwachung	Spezialisierung der Arbeitsvorgangs-Überwachung	**Meister**
		Leitstand
		Fertigungssteuerung
	Überwachg. v. Kontrollvg.	generell Rückmeldung
	Umfang der Arbeitsvorgangsüberwachung	Überwachung der Arbeitsvorgänge " in Arbeit "
		zeitgenaue Überw. der Arbeitsvorgänge " i. A. "
		Überwachung der Kontrollvorgänge
		Überwachung der Transportvorgänge
		Überwachung vorbereitender Tätigkeiten
		Überwachung der Bereitstellung

Abb. 7-3b: Organisationsform II (Teil 2)

Organisationsform III (Abbildungen 7-4a und 7-4b)

In der Organisationform III wird die Verwaltung der Werkstattaufträge durch ein EDV-gestütztes PPS-System durchgeführt. Dieses PPS-System führt auch die Erstellung der Belege durch, wobei trotz der EDV-Unterstützung der Ausdruck länger als eine Woche vor Fertigungsbeginn erfolgt.

Die Kapazitätsbelegungsplanung betrachtet nur einen relativ kurzen Zeitraum von weniger als 15 Tagen, in dem die Arbeitsvorgänge mit einer Zeiteinheit von 0,5 oder 1 Stunde genau vorgeplant werden. Dabei werden jedoch von jedem Werkstattauftrag nur die nächsten 1 bis 3 Arbeitsvorgänge verplant. Die Kontrollvorgänge unterliegen teilweise auch der Kapazitätsbelegungsplanung. Eine Aktualisierung dieser Planung wird nur bei gravierenden Änderungen durchgeführt. Als Hilfsmittel zur Kapazitätsbelegungsplanung wird eine Plantafel ohne Zeitlot eingesetzt.

Die Verfügbarkeitsprüfung und die Veranlassung der Bereitstellung fallen in den Aufgabenbereich des Meisters. Die Arbeitszuteilung führt der Meister nach Anweisung des Leitstands durch, wobei eine möglichst kurzfristige Zuteilung vor Arbeitsbeginn angestrebt wird. Da Anweisungen an den Werker durch den Meister übermittelt werden, wird keine Kommunikationseinrichtung eingesetzt.

Die Betriebsdatenerfassung findet entweder durch BDE-Terminals in der Fertigung oder zentrale Eingabe in die EDV nach vorheriger Handaufschreibung statt. Bei dezentraler Erfassung über BDE-Terminals werden die Rückmeldungen häufig sowohl für die Arbeitsvorgangsüberwachung und die Werkstattauftragsfortschrittsüberwachung als auch gleichzeitig für die Lohnabrechnung verwendet. Eine derartige Regelung bedarf jedoch meist einer speziellen Betriebsvereinbarung.

Entsprechend der Form der Arbeitszuteilung überwacht der Leitstand im Rahmen der Arbeitsvorgangsüberwachung nur die Bereitstellung.

Funktion	Merkmal	Ausprägung
Werkstattauftragsverwaltung	Automatisierungsgrad der Hilfsmittel	Hängetaschenordner
		PPS - System Anschluß
Belegerstellung und - verwaltung	Automatisierungsgrad der Hilfsmittel und Spezialisierung der Belegerstellung	**Drucker im Planungssystem**
		Umdruck im Planungssystem
		Drucker im Leitstand
		Umdruck / Zeitstrahlauftragen im Leitstand
	Zeitpunkt der Belegerstellung	kürzer als 1 Tag vor Fertigungsbeginn
		1 Tag bis 1 Woche vor Fertigungsbeginn
		länger als 1 Woche vor Fertigungsbeginn
	Spezialisierung der Belegverwaltung	Leitstand
		Meister
		Fertigungssteuerung
Werkstattauftragsfortschrittsüberwachung	Spezialisierung der Werkstattauftragsfortschrittsüberwachung	**Meister**
		Leitstand
		Fertigungssteuerung
Kapazitätsbelegungsplanung	Automatisierungsgrad der Hilfsmittel	Plantafel mit Zeitlot
		Plantafel ohne Zeitlot
	Vorplanungszeitraum	**kleiner als 5 Tage**
		5 Tage bis 15 Tage
		größer als 15 Tage
	Zeiteinheit der Vorplanung	zeitgenaue Einplanung (Zeitstrahl)
		kleiner als 0,5 Std.
		0,5 Std. bis 1 Std.
		größer als 1 Std.
	Intensität der Vorplanung	**nur der 1. bzw. der nächste Arbeitsvorgang**
		die nachfolgenden 2 bis 3 Arbeitsvorgänge
		alle Arbeitsvorgänge eines Auftrags
	Aktualisierung der Vorplanung	bei jeder Änderung bzw. ständig
		ca. einmal pro Tag
		nur bei gravierenden Änderungen
	Vorplanung von Kontrollvorgängen	generell Einplanung als Arbeitsvorgang
		teilweise Einplanung als Arbeitsvorgang
		Kontrollvorgänge in Übergangszeit enthalten
Verfügbarkeitsprüfung	Spezialisierung der Verfügbarkeitsprüfung des Materials	**Meister**
		Leitstand
		Fertigungssteuerung
	Spezialisierung der Verfügbarkeitsprüfung für Werkz. u. Vorricht.	**Meister**
		Leitstand
		Fertigungssteuerung
Bereitstellung	Spezialisierung der Transportveranlassung	**Meister**
		Leitstand
		Fertigungssteuerung
	Spezialisierung der Überwachung der Bereitst. d. Aufträge	**Meister**
		Leitstand
		Fertigungssteuerung
	Prinzip der Zwischenlagerung	zentrales Zwischenlager
		bereichsnahe "Bahnhöfe"
		am nächsten Arbeitsplatz

Abb. 7-4a: Organisationsform III (Teil 1)

Bereich	Merkmal	Ausprägung	Ausprägung
Arbeitszuteilung	Spezialisierung der Arbeitszuteilung	**Meister**	
		Leitstand	
		Fertigungssteuerung	
	Zeitpunkt der Arbeitszuteilung	**unmittelbar vor Arbeitsbeginn**	
		ca. 1 Tag vor Arbeitsbeginn	
		früher als 1 Tag vor Arbeitsbeginn	
	Umfang des zugeteilten Arbeitsvorrates	nur 1 Auftrag	
		ca. 1 bis 3 Aufträge	
		mehr als 3 Aufträge	
	Automatisierungsgrad der Hilfsmittel	Kommunikationseinrichtung	
		Komm.einrichtung und Funktionsleuchten	
	Empfänger d. Arbeitszuteilungsanw. d. Leitst.	Werker	
		Meister	
Betriebsdatenerfassung	zusätzl. Verwend. d. Dat.	**Kopplung der Rückmeldung m. Lohnabrechn.**	Kopplung der Rückmeldung m. Lohnabrechn.
	Automatisierungsgrad d. Hilfsmittel - Fertigmeldung Arbeitsvorgang	nur Handaufschreibung	nur Handaufschreibung
		Handaufschreibung, zentrale EDV - Eingabe	**Handaufschreibung, zentrale EDV - Eingabe**
		BDE - Terminal	BDE - Terminal
	Automatisierungsgrad d. Hilfsmittel - Gutstückzahl eines Loses	nur Handaufschreibung	nur Handaufschreibung
		Handaufschreibung, zentrale EDV - Eingabe	**Handaufschreibung, zentrale EDV - Eingabe**
		BDE - Terminal	BDE - Terminal
	Automatisierungsgrad d. Hilfsmittel - Unterbrechungsgrund	nur Handaufschreibung	nur Handaufschreibung
		Handaufschreibung, zentrale EDV - Eingabe	**Handaufschreibung, zentrale EDV - Eingabe**
		BDE - Terminal	BDE - Terminal
	Automatisierungsgrad d. Hilfsmittel zur Rückmeldung an den Leitstand	Kommunikationseinrichtung	**Kommunikationseinrichtung**
		zusätzlich Kartentafel	**zusätzlich Kartentafel**
		zusätzl. Funktionstasten f. Standardmeldung	zusätzl. Funktionstasten f. Standardmeldung
		BDE - Terminal	BDE - Terminal
Arbeitsvorgangsüberwachung	Spezialisierung der Arbeitsvorgangsüberwachung	Meister	
		Leitstand	
		Fertigungssteuerung	
	Überwachg. v. Kontrollvg.	generell Rückmeldung	
	Umfang der Arbeitsvorgangsüberwachung	Überwachung der Arbeitsvorgänge " in Arbeit "	
		zeitgenaue Überw. der Arbeitsvorgänge " i. A. "	
		Überwachung der Kontrollvorgänge	
		Überwachung der Transportvorgänge	
		Überwachung vorbereitender Tätigkeiten	
		Überwachung der Bereitstellung	

Abb. 7-4b: Organisationsform III (Teil 2)

Organisationsform IV (Abbildungen 7-5a und 7-5b)

Die Werkstattauftragsverwaltung findet konventionell mittels Hängetaschenordnern statt. Die Belege werden entweder im Umdruckverfahren oder durch einen Drucker im Planungssystem erstellt und vom Leitstand verwaltet.

Die Kapazitätsbelegungsplanung erfolgt mit Hilfe einer Plantafel für einen Planungshorizont von mehr als 15 Tagen. Alle Arbeitsvorgänge eines Auftrags werden dabei zeitgenau mit Hilfe eines Zeitstrahls auf dem Planbeleg auf die Kapazitätseinheiten eingeplant. Kontrollvorgänge dagegen werden nicht gesondert betrachtet, da sie in der Übergangszeit enthalten sind. Eine Aktualisierung dieser Belegung auf der Plantafel wird nur bei gravierenden Änderungen vorgenommen.

Die Verfügbarkeit des Materials sowie die Bereitstellung der Aufträge am nächsten Arbeitsplatz überwacht der Leitstand, während der Meister für die übrigen Aufgaben der Verfügbarkeitsprüfung und Bereitstellung miteinbezogen wird.

Die Arbeitszuteilung wird vom Leitstand durchgeführt, der die Anweisungen über eine Kommunikationseinrichtung direkt an die Werker gibt. Je nach Arbeitsvorgangsdauer werden 1 - 3 Aufträge gemeinsam ca. einen Tag vor Arbeitsbeginn zugeteilt. Bei dieser Organisationsform liegt mithin die zentrale Form der Arbeitszuteilung vor, die einen Überblick über alle Fertigungsbereiche vom Leitstand aus ermöglicht und eine dementsprechende Reaktion bei Störungen. Durch die Bündelung des Arbeitsvorrats zu Paketen mit bis zu 3 Aufträgen bleibt den Werkstattmitarbeitern noch ein gewisser Spielraum bei der Festlegung der Abarbeitungsreihenfolge. Die Betriebsdatenerfassung erfolgt durch Handaufschreibung und zentrale Eingabe in die EDV, wobei die Rückmeldung an den Leitstand über eine Kommunikationseinrichtung vorgenommen wird. Im Rahmen der Arbeitsvorgangsüberwachung wird vom Leitstand aus nur die Bereitstellung mit Hilfe der Plantafel überwacht.

Werkstattauftragsverwaltung	Automatisierungsgrad der Hilfsmittel	Hängetaschenordner	Hängetaschenordner
		PPS - System Anschluß	PPS - System Anschluß
Belegerstellung und - verwaltung	Automatisierungsgrad der Hilfsmittel und Spezialisierung der Belegerstellung	Drucker im Planungssystem	Drucker im Planungssystem
		Umdruck im Planungssystem	Umdruck im Planungssystem
		Drucker im Leitstand	Drucker im Leitstand
		Umdruck / Zeitstrahlauftragen im Leitstand	Umdruck / Zeitstrahlauftragen im Leitstand
	Zeitpunkt der Belegerstellung	kürzer als 1 Tag vor Fertigungsbeginn	kürzer als 1 Tag vor Fertigungsbeginn
		1 Tag bis 1 Woche vor Fertigungsbeginn	1 Tag bis 1 Woche vor Fertigungsbeginn
		länger als 1 Woche vor Fertigungsbeginn	länger als 1 Woche vor Fertigungsbeginn
	Spezialisierung der Belegverwaltung	Leitstand	Leitstand
		Meister	Meister
		Fertigungssteuerung	Fertigungssteuerung
Werkstattauftragsfortschrittsüberwachung	Spezialisierung der Werkstattauftragsfortschrittsüberwachung	Meister	Meister
		Leitstand	Leitstand
		Fertigungssteuerung	Fertigungssteuerung

Kapazitätsbelegungsplanung	Automatisierungsgrad der Hilfsmittel	Plantafel mit Zeitlot
		Plantafel ohne Zeitlot
	Vorplanungszeitraum	kleiner als 5 Tage
		5 Tage bis 15 Tage
		größer als 15 Tage
	Zeiteinheit der Vorplanung	zeitgenaue Einplanung (Zeitstrahl)
		kleiner als 0,5 Std.
		0,5 Std. bis 1 Std.
		größer als 1 Std.
	Intensität der Vorplanung	nur der 1. bzw. der nächste Arbeitsvorgang
		die nachfolgenden 2 bis 3 Arbeitsvorgänge
		alle Arbeitsvorgänge eines Auftrags
	Aktualisierung der Vorplanung	bei jeder Änderung bzw. ständig
		ca. einmal pro Tag
		nur bei gravierenden Änderungen
	Vorplanung von Kontrollvorgängen	generell Einplanung als Arbeitsvorgang
		teilweise Einplanung als Arbeitsvorgang
		Kontrollvorgänge in Übergangszeit enthalten

Verfügbarkeitsprüfung	Spezialisierung der Verfügbarkeitsprüfung des Materials	Meister
		Leitstand
		Fertigungssteuerung
	Spezialisierung der Verfügbarkeitsprüfung für Werkz. u. Vorricht.	Meister
		Leitstand
		Fertigungssteuerung
Bereitstellung	Spezialisierung der Transportveranlassung	Meister
		Leitstand
		Fertigungssteuerung
	Spezialisierung der Überwachung der Bereitst. d. Aufträge	Meister
		Leitstand
		Fertigungssteuerung
	Prinzip der Zwischenlagerung	zentrales Zwischenlager
		bereichsnahe "Bahnhöfe"
		am nächsten Arbeitsplatz

Abb. 7-5a: Organisationsform IV (Teil 1)

Funktion	Merkmal	Ausprägung
Arbeitszuteilung	Spezialisierung der Arbeitszuteilung	Meister
		Leitstand
		Fertigungssteuerung
	Zeitpunkt der Arbeitszuteilung	unmittelbar vor Arbeitsbeginn
		ca. 1 Tag vor Arbeitsbeginn
		früher als 1 Tag vor Arbeitsbeginn
	Umfang des zugeteilten Arbeitsvorrates	nur 1 Auftrag
		ca. 1 bis 3 Aufträge
		mehr als 3 Aufträge
	Automatisierungsgrad der Hilfsmittel	**Kommunikationseinrichtung**
		Komm. einrichtung und Funktionsleuchten
	Empfänger d. Arbeitszuteilungsanw. d. Leitst.	**Werker**
		Meister
Betriebsdaten-erfassung	zusätzl. Verwend. d. Dat.	Kopplung der Rückmeldung m. Lohnabrechn.
	Automatisierungsgrad d. Hilfsmittel - Fertigmeldung Arbeitsvorgang	nur Handaufschreibung
		Handaufschreibung, zentrale EDV - Eingabe
		BDE - Terminal
	Automatisierungsgrad d. Hilfsmittel - Gutstückzahl eines Loses	nur Handaufschreibung
		Handaufschreibung, zentrale EDV - Eingabe
		BDE - Terminal
	Automatisierungsgrad d. Hilfsmittel - Unterbrechungsgrund	nur Handaufschreibung
		Handaufschreibung, zentrale EDV - Eingabe
		BDE - Terminal
	Automatisierungsgrad d. Hilfsmittel zur Rückmeldung an den Leitstand	**Kommunikationseinrichtung**
		zusätzlich Kartentafel
		zusätzl. Funktionstasten f. Standardmeldung
		BDE - Terminal
Arbeitsvorgangs-überwachung	Spezialisierung der Arbeitsvorgangs-überwachung	Meister
		Leitstand
		Fertigungssteuerung
	Überwachg. v. Kontrollvg.	generell Rückmeldung
	Umfang der Arbeitsvorgangsüberwachung	Überwachung der Arbeitsvorgänge "in Arbeit"
		zeitgenaue Überw. der Arbeitsvorgänge "i. A."
		Überwachung der Kontrollvorgänge
		Überwachung der Transportvorgänge
		Überwachung vorbereitender Tätigkeiten
		Überwachung der Bereitstellung

Abb. 7-5b: Organisationsform IV (Teil 2)

Organisationsform V (Abbildungen 7-6a und 7-6b)

Die Organisationsform V unterscheidet sich von der Organisationsform IV in der organisatorischen Gestaltung der Werkstattauftragsverwaltung, der Arbeitszuteilung und der Arbeitsvorgangsüberwachung. Die Belegerstellung mit Hilfe eines Druckers im Leitstand ermöglicht ein relativ kurzfristiges Ausdrucken der Belege vor Fertigungsbeginn. Nur dort, wo ein EDV-gestützter Ausdruck der Belege im Leitstand erfolgt, läßt sich bislang die Forderung nach einer möglichst späten Belegerstellung realisieren.

Die Kapazitätsbelegungsplanung erfolgt mit Hilfe einer Plantafel für alle Arbeitsvorgänge eines Auftrags. Die zeitgenaue Einplanung wird dabei durch den Zeitstrahl auf den Planbelegen grafisch ausgewiesen. Eine derart detaillierte Kapazitätsbelegungsplanung mit konventionellen Hilfsmitteln wird jedoch auch bei dieser Organisationsform, wie in den meisten Betrieben, wegen des hohen Aufwands nur bei gravierenden Anderungen aktualisiert.

Die Verfügbarkeitsprüfung des Materials sowie die Bereitstellung der Aufträge überwacht der Leitstand. Die Anweisung zur Arbeitszuteilung gibt der Leitstand über eine Kommunikationseinrichtung an den Werker, wobei nur ein Auftrag zugeteilt wird oder bei extrem kurzen Arbeitsvorgangsdauern die Aufträge gebündelt werden. Doch auch bei dieser Organisationsform, die den höchsten Grad der Zentralisation aufweist, erfolgt die Arbeitszuteilung nicht unmittelbar vor Arbeitsbeginn, wie die "klassische" Leitstandkonzeption vorsieht.

Rückmeldungen an den Leitstand werden über die Kommunikationseinrichtung abgewickelt, und die Betriebsdaten werden anschließend zentral in die EDV eingegeben. Die Arbeitsvorgangsüberwachung erfolgt sehr detailliert durch den Leitstand und umfaßt neben einer zeitgenauen Überwachung der in Arbeit befindlichen Arbeitsvorgänge die Überwachung von Kontrollvorgängen, vorbereitenden Tätigkeiten und der Bereitstellung mit Hilfe der Plantafel.

Funktion	Merkmal	Ausprägung
Werkstattauftragsverwaltung	Automatisierungsgrad der Hilfsmittel	**Hängetaschenordner**
		PPS - System Anschluß
Belegerstellung und - verwaltung	Automatisierungsgrad der Hilfsmittel und Spezialisierung der Belegerstellung	Drucker im Planungssystem
		Umdruck im Planungssystem
		Drucker im Leitstand
		Umdruck / Zeitstrahlauftragen im Leitstand
	Zeitpunkt der Belegerstellung	kürzer als 1 Tag vor Fertigungsbeginn
		1 Tag bis 1 Woche vor Fertigungsbeginn
		länger als 1 Woche vor Fertigungsbeginn
	Spezialisierung der Belegverwaltung	**Leitstand**
		Meister
		Fertigungssteuerung
Werkstattauftragsfortschrittsüberwachung	Spezialisierung der Werkstattauftragsfortschrittsüberwachung	Meister
		Leitstand
		Fertigungssteuerung
Kapazitätsbelegungsplanung	Automatisierungsgrad der Hilfsmittel	**Plantafel mit Zeitlot**
		Plantafel ohne Zeitlot
	Vorplanungszeitraum	kleiner als 5 Tage
		5 Tage bis 15 Tage
		größer als 15 Tage
		zeitgenaue Einplanung (Zeitstrahl)
	Zeiteinheit der Vorplanung	kleiner als 0,5 Std.
		0,5 Std. bis 1 Std.
		größer als 1 Std.
	Intensität der Vorplanung	nur der 1. bzw. der nächste Arbeitsvorgang
		die nachfolgenden 2 bis 3 Arbeitsvorgänge
		alle Arbeitsvorgänge eines Auftrags
	Aktualisierung der Vorplanung	bei jeder Änderung bzw. ständig
		ca. einmal pro Tag
		nur bei gravierenden Änderungen
	Vorplanung von Kontrollvorgängen	generell Einplanung als Arbeitsvorgang
		teilweise Einplanung als Arbeitsvorgang
		Kontrollvorgänge in Übergangszeit enthalten
Verfügbarkeitsprüfung	Spezialisierung der Verfügbarkeitsprüfung des Materials	Meister
		Leitstand
		Fertigungssteuerung
	Spezialisierung der Verfügbarkeitsprüfung für Werkz. u. Vorricht.	**Meister**
		Leitstand
		Fertigungssteuerung
Bereitstellung	Spezialisierung der Transportveranlassung	**Meister**
		Leitstand
		Fertigungssteuerung
	Spezialisierung der Überwachung der Bereitst. d. Aufträge	Meister
		Leitstand
		Fertigungssteuerung
	Prinzip der Zwischenlagerung	zentrales Zwischenlager
		bereichsnahe "Bahnhöfe"
		am nächsten Arbeitsplatz

Abb. 7-6a: Organisationsform V (Teil 1)

Bereich	Merkmal	Ausprägung
Arbeitszuteilung	Spezialisierung der Arbeitszuteilung	Meister
		Leitstand
		Fertigungssteuerung
	Zeitpunkt der Arbeitszuteilung	unmittelbar vor Arbeitsbeginn
		ca. 1 Tag vor Arbeitsbeginn
		früher als 1 Tag vor Arbeitsbeginn
	Umfang des zugeteilten Arbeitsvorrates	**nur 1 Auftrag**
		ca. 1 bis 3 Aufträge
		mehr als 3 Aufträge
	Automatisierungsgrad der Hilfsmittel	Kommunikationseinrichtung
		Komm.einrichtung und Funktionsleuchten
	Empfänger d. Arbeitszuteilungsanw. d. Leitst.	**Werker**
		Meister
Betriebsdatenerfassung	zusätzl. Verwend. d. Dat.	Kopplung der Rückmeldung m. Lohnabrechn.
	Automatisierungsgrad d. Hilfsmittel - Fertigmeldung Arbeitsvorgang	nur Handaufschreibung
		Handaufschreibung, zentrale EDV - Eingabe
		BDE - Terminal
	Automatisierungsgrad d. Hilfsmittel - Gutstückzahl eines Loses	nur Handaufschreibung
		Handaufschreibung, zentrale EDV - Eingabe
		BDE - Terminal
	Automatisierungsgrad d. Hilfsmittel - Unterbrechungsgrund	nur Handaufschreibung
		Handaufschreibung, zentrale EDV - Eingabe
		BDE - Terminal
	Automatisierungsgrad d. Hilfsmittel zur Rückmeldung an den Leitstand	**Kommunikationseinrichtung**
		zusätzlich Kartentafel
		zusätzl. Funktionstasten f. Standardmeldung
		BDE - Terminal
Arbeitsvorgangsüberwachung	Spezialisierung der Arbeitsvorgangsüberwachung	Meister
		Leitstand
		Fertigungssteuerung
	Überwachg. v. Kontrollvg.	**generell Rückmeldung**
	Umfang der Arbeitsvorgangsüberwachung	Überwachung der Arbeitsvorgänge "in Arbeit"
		zeitgenaue Überw. der Arbeitsvorgänge "i. A."
		Überwachung der Kontrollvorgänge
		Überwachung der Transportvorgänge
		Überwachung vorbereitender Tätigkeiten
		Überwachung der Bereitstellung

Abb. 7-6b: Organisationsform V (Teil 2)

7.2 Analyse der Effizienzdaten

Nachdem nun die fünf Organisationsformen erläutert worden sind, sollen die Effizienzdaten einer kurzen Analyse unterzogen werden. So kann im Zuge der anschließenden inhaltlichen Interpretation der Anforderungsprofile darauf aufbauend eine Zuordnung geeigneter Organisationsformen zu den Anforderungsprofilen vorgenommen werden.

Die Effizienz der Werkstattsteuerung wird einerseits durch die Situation, also die Anforderungen, andererseits aber auch durch die Organisation der Werkstattsteuerung beeinflußt. Da die Anforderungen nur durch längerfristige Maßnahmen mit strategischem Charakter verändert werden können und demzufolge hier als nicht variabel angesehen werden müssen, ist eine Verbesserung der Effizienz in erster Linie durch eine geeignete Gestaltung der Organisation möglich. Auswirkungen der Organisation auf die Effizienz der Werkstattsteuerung lassen sich demnach am besten durch einen Vergleich der Effizienz bei gleichbleibenden Anforderungen beurteilen.

In Abbildung 7-7 sind die Effizienzdaten der untersuchten Betriebe, die einem Anforderungsprofil angehören, zusammengestellt und die Organisationsform der Werkstattsteuerung der jeweiligen Betriebe ausgewiesen. Ergänzend wird der arithmetische Mittelwert zu jedem Effizienzmerkmal in der betrachteten Gruppe und der Mittelwert aller Betriebe angegeben. Der Mittelwert aller Betriebe geht dabei von einer Normalverteilung der Werte aus, d.h. vor der Mittelwertbildung wurde ein Normalverteilungstest durchgeführt und Ausreißer eliminiert.

Um einen Einblick in die Größenordnung der Effizienzdaten in den untersuchten Betrieben zu geben, sei an dieser Stelle eine kurze Erläuterung der Durchschnittswerte aufgeführt. Abbildung 7-7 zeigt eine durchschnittliche Flußzahl von 7,00, d.h. die Durchlaufzeit eines Auftrags ist siebenmal so lang wie die Summe aller Durchführungszeiten. Höhere Flußzahlen ergaben sich vor allem in Betrieben des Schwermaschinen- und

Anlagenbaus. Der Flußfaktor, der Auskunft über den Arbeitsvorrat in der Werkstatt gibt, beträgt im Durchschnitt der untersuchten Betriebe 0,12, d.h. pro Arbeitsplatz befinden sich ca. 8 Werkstattaufträge in der Fertigung. Die durchschnittliche Größe der Kennzahl Ist-Übergangszeit/Soll-Übergangszeit beträgt 1,35, wobei sowohl starke Unterschreitungen der Soll-Übergangszeit, als auch bis zu fünffache Überschreitungen vorkommen. Die Terminabweichung/Durchlaufzeit, als ein Maß für die Güte der Termineinhaltung durch die Werkstattsteuerung, beträgt im Durchschnitt 16 %. Die durchschnittlichen Kosten der Werkstattsteuerung/Arbeitsplatz liegen bei ca. 2885 DM/Jahr. Eine weitere Möglichkeit, die Kosten der Werkstattsteuerung transparent zu machen, ergibt sich, indem die Kosten auf den Werkstattauftrag bezogen werden. Diese Kennzahl wurde in die Analyse der Effizienzdaten nicht miteinbezogen, um eine doppelte Erfassung der Kosten zu vermeiden. Die Bandbreite der in den untersuchten Betrieben ermittelten Kosten der Werkstattsteuerung pro Werkstattauftrag liegt bei ca. 26,-- DM bis 31,-- DM. Die Kennzahl Belastung der Führungskräfte/Arbeitsplatz zeigt, daß die Meister und Vorarbeiter in der Werkstatt durchschnittlich ca. 13 Minuten für die Steuerung eines Arbeitsplatzes pro Schicht aufbringen müssen. Nach dieser Betrachtung der Mittelwerte der Effizienzdaten aller Betriebe soll im folgenden eine Analyse der Effizienzdaten von Betrieben mit gleichem Anforderungesprofil im Hinblick auf die Bestimmung einer geeigneten Organisationsform durchgeführt werden.

Die Effizienzdaten der Betriebe des Anforderungsprofils 1 zeigen im Mittel bessere Werte bei den Merkmalen "Flußzahl", "Flußfaktor", "Ist-Übergangszeit/Soll-Übergangszeit" und "Terminabweichung" als der Durchschnitt aller Betriebe. Der Betrieb 1 fällt dabei etwas aus dem Rahmen, was darauf zurückzuführen ist, daß es sich um einen Kleinbetrieb mit nur 12 Mitarbeitern in der Fertigung handelt. Ein Vergleich der Effizienzdaten innerhalb der Gruppe zeigt, daß insbesondere der Betrieb 16, der wie auch zwei weitere Betriebe die Organisationsform III aufweist, günstige Werte der Effizienzdaten hat.

Anforderungsprofil 1

Betrieb	1	8	15	16	32	Arithm. Mittel-wert	Mittelw. aller Betriebe
Flußzahl	7,50	8,00	4,00	1,67	2,70	4,77	7,00
Flußfaktor	0,20	0,18	0,19	1,09	0,18	0,37	0,12
Ist - ÜZ / Soll - ÜZ		1,00	0,60	1,00	1,00	0,90	1,35
Terminabw. / DLZ	0,30	0,13	0,01	0,15	0,07	0,13	0,16
Kosten / APZ (DM/Jahr)		2000,00	5263,00	2000,00	1944,00	2801,75	2885,84
Belastung / APZ (Std./Schicht)	0,50	0,07	0,02	0,05	0,44	0,22	0,22
Organisationsform	III	III	V	III	II		

Anforderungsprofil 2

Betrieb	2	4	6	12	18	26	31	33	35	Arithm. Mittel-wert	Mittelw. aller Betriebe
Flußzahl	8,00	13,30	40,00	14,00	20,00	3,20	3,00	40,00	11,20	16,97	7,00
Flußfaktor	0,02	0,23	0,01	0,13	0,25	0,02	0,05	0,13	0,07	0,10	0,12
Ist - ÜZ / Soll - ÜZ	1,20	2,00	1,00		1,50	0,80	1,20	1,00	1,00	1,21	1,35
Terminabw. / DLZ	0,68	0,28	0,05	0,07	0,14	0,05	0,15	0,05	0,21	0,19	0,16
Kosten / APZ (DM/Jahr)	2917,00	6666,00	2500,00	2750,00	1778,00	1750,00	1843,00	7454,00	6154,00	3756,96	2885,84
Belastung / APZ (Std./Schicht)	0,47	0,04	0,29	0,32	0,14	0,02	0,05		0,48	0,23	0,22
Organisationsform	I	V	IV	IV	I	V	III	IV	IV		

Anforderungsprofil 3

Betrieb	3	10	11	13	19	21	23	25	28	29	30	Arithm. Mittel-wert	Mittelw. aller Betriebe
Flußzahl	5,00	9,33	4,00	5,70	8,00	2,50	9,60	11,40	1,33	6,40	5,00	6,21	7,00
Flußfaktor	0,20	0,01	0,10	0,10	0,15	0,01	0,02	0,05	0,05	0,02	0,03	0,07	0,12
Ist - ÜZ / Soll - ÜZ		5,00	1,00	1,00	1,00	1,00	2,00	1,50	1,20	1,50	1,67	1,69	1,35
Terminabw. / DLZ	0,05	0,07	0,37	0,04	0,14	0,09	0,16	0,12	0,11	0,12	0,14	0,13	0,16
Kosten / APZ (DM/Jahr)	1625,00	3571,00	4333,00	3783,00	1556,00	735,00	6060,00	5400,00	3000,00	1833,00	1187,50	3007,59	2885,84
Belastung / APZ (Std./Schicht)	0,20	0,08	0,40	0,09	0,11	0,21	0,12	0,07		0,06	0,16	0,15	0,22
Organisationsform	IV	V	V	V	V	I	V	IV	IV	II	I		

Anforderungsprofil 4

Betrieb	5	14	17	20	24	34	Arithm. Mittel-wert	Mittelw. aller Betriebe
Flußzahl	4,00	6,00	4,00	11,30	6,00	1,90	5,53	7,00
Flußfaktor	0,04	0,05	0,25	0,06	0,21	0,49	0,18	0,12
Ist - ÜZ / Soll - ÜZ	1,00	1,00	2,00	1,33	1,25		1,32	1,35
Terminabw. / DLZ	0,07	0,09	0,17	0,26	0,08	0,06	0,12	0,16
Kosten / APZ (DM/Jahr)	961,00	1559,00	1000,00	2023,00	2391,00	2820,00	1792,33	2885,85
Belastung / APZ (Std./Schicht)	0,27	0,74	0,34	0,04	0,80	0,16	0,39	0,22
Organisationsform	II	I	II	V	IV	V		

Anforderungsprofil 5

Betrieb	9	22	27	36	Arithm. Mittel-wert	Mittelw. aller Betriebe
Flußzahl	2,00	3,00	10,00	3,80	4,70	7,00
Flußfaktor	0,18	0,16	0,17	0,09	0,15	0,12
Ist - ÜZ / Soll - ÜZ	0,90	1,60	1,50	1,25	1,31	1,35
Terminabw. / DLZ	0,08	0,28	0,31	0,18	0,21	0,16
Kosten / APZ (DM/Jahr)	1000,00	1500,00	2730,00	8000,00	3307,50	2885,84
Belastung / APZ (Std./Schicht)	0,09	0,15	0,18	0,24	0,17	0,22
Organisationsform	IV	II	II	II		

Anforderungsprofil 6

Betrieb	7	37	38	Arithm. Mittel-wert	Mittelw. aller Betriebe
Flußzahl	21,30	53,30	80,00	51,53	7,00
Flußfaktor	0,02	0,20	0,03	0,08	0,12
Ist - ÜZ / Soll - ÜZ	1,20	18,00	1,38	6,86	1,35
Terminabw. / DLZ	0,04		0,47	0,26	0,16
Kosten / APZ (DM/Jahr)	2900,00	1762,10	27,30	1563,13	2885,84
Belastung / APZ (Std./Schicht)	0,37	0,04		0,21	0,22
Organisationsform	II	IV	II		

ÜZ = Übergangszeit; DLZ = Durchlaufzeit; APZ = Arbeitsplatz

Abb. 7-7: Vergleich der Effizienzdaten der Betriebe mit gleichem Anforderungsprofil

Bei den Betrieben mit dem Anforderungsprofil 2 liegt die Flußzahl mit fast 17 deutlich höher als im Durchschnitt aller Betriebe. Insbesondere die Betriebe 6 und 33 weisen mit einer Flußzahl von 40 ein ungünstiges Verhältnis von Durchführungszeiten zu Durchlaufzeiten auf. Die Belastung der Führungskräfte ist bei den Betrieben 4 und 26 mit jeweils 0,02 bzw. 0,04 Std./Schicht sehr gering. Der Betrieb 26 mit der Organisationsform IV weist bis auf den Flußfaktor in dieser Gruppe die besten Effizienzdaten auf. Der Betrieb 4, der ebenfalls die Organisationsform V hat, zeigt zwar mit 0,23 einen sehr guten Flußfaktor und die oben angesprochene geringe Belastung der Führungskräfte mit Steuerungsaufgaben, jedoch extrem hohe Kosten für die Werkstattsteuerung. Aufgrund der Effizienzdaten erscheint also die Organisationsform V als vorteilhaft, was jedoch durch eine inhaltliche Interpretation des Anforderungsprofils 2 untermauert werden muß.

Das Anforderungsprofil 3 ist mit elf Betrieben am häufigsten vertreten. Davon weisen fünf Betriebe die Organisationsform V und drei Betriebe die Organisationsform IV auf. Die jeweils günstigsten Effizienzdaten verteilen sich auf beide Gruppen. So hat der Betrieb 28 (Organisationsform IV) mit 1,33 die beste Flußzahl, der Betrieb 3 (Organisationsform IV) mit 0,20 den besten Flußfaktor, der Betrieb 13 (Organisationsform V) mit 0,04 die geringste Terminabweichung/Durchlaufzeit und der Betrieb 25 (Organisationsform IV) die geringste Belastung der Führungskräfte/Arbeitsplatz mit 0,07 Std./Schicht. Bemerkenswert erscheint, daß im Betrieb 21 die Werkstattsteuerung als "Meisterwirtschaft" abläuft und so die geringsten Kosten verursacht. Dies ist in erster Linie darauf zurückzuführen, daß bei einer Steuerung durch Meister und Vorarbeiter die Kosten nicht direkt erfaßt werden. Bei der Bestimmung der geeigneten Organisationsform sollten demnach die Organisationsformen IV und V näher betrachtet werden.

Von den sechs Betrieben mit dem Anforderungsprofil 4 haben zwei die Organisationsform V. Dabei zeichnet sich vor allem der Betrieb 34 (Organisationsform V) durch sehr günstige Werte der

Effizienzdaten aus. Die Kosten für die Werkstattsteuerung sind allerdings mit 2820 DM/Arbeitsplatz und Jahr deutlich höher als bei den beiden Betrieben mit der Organisationsform II mit 961 DM bzw. 1000 DM. Damit bestätigt sich die Erfahrung, daß die Kosten einer Werkstattsteuerung tendenziell steigen, je höher die Zentralisation der Werkstattsteuerung auf den Leitstand ist. In diesem Zusammenhang darf jedoch nicht übersehen werden, daß die Kosten für die Besetzung eines Leitstands genau erfaßt werden können, während Kosten, die durch eine Verteilung der Werkstattsteuerungsaufgaben auf Meister und Vorarbeiter entstehen, sowie Folgekosten einer unzureichenden Werkstattsteuerung (z.B. mangelnde Termintreue, hohe Werkstattbestände) häufig nicht oder nur schwer zu erfassen sind. Die Bestimmung der geeigneten Organisationsform für Betriebe mit dem Anforderungsprofil 4 wird also sowohl Aspekte der Optimierung der Leistungsfähigkeit der Werkstattsteuerung, als auch Kostenaspekte berücksichtigen müssen.

Bei den Effizienzdaten der Betriebe mit dem Anforderungsprofil 5 fällt auf, daß der Betrieb 9 mit der Organisationsform IV bei allen Effizienzmerkmalen sehr günstige Werte aufweist. Dies trifft insbesondere auf die geringe Terminabweichung/Durchlaufzeit als auch auf die geringe Belastung der Führungskräfte/Arbeitsplatz zu. Obwohl drei von vier Betrieben mit diesem Anforderungsprofil die Organisationsform II aufweisen, wird also eine Betrachtung der Anforderungen zeigen müssen, ob die Organisationsform IV aufgrund besserer Effizienzwerte nicht die geeignetere ist.

Nur drei Betriebe weisen das Anforderungsprofil 6 auf. In dieser Gruppe fällt die Flußzahl mit Werten zwischen 21,3 und 80 überdurchschnittlich hoch aus. Im Vorgriff auf die Interpretation der Anforderungsprofile kann dazu gesagt werden, daß dies in erster Linie auf das Erzeugnisspektrum und die Erzeugnisstruktur (Schwermaschinen- und Anlagenbau) zurückzuführen ist. Die Verteilung der jeweils günstigsten Werte der Effizienzmerkmale zeigt ein sehr uneinheitliches Bild, so daß eine Aussage über die geeignete Organisationsform einer genaueren Betrachtung des Anforderungsprofils 6 bedarf.

Zusammenfassend kann man feststellen, daß eine Analyse der Effizienzdaten zwar bereits Aufschlüsse über eine mögliche Zuordnung von Organisationsformen zu Anforderungsprofilen gibt, jedoch eine sachlogische Interpretation der Zusammenhänge zwischen den Anforderungsprofilen und den Organisationsformen nur ergänzen kann. Insbesondere die teilweise differierenden Effizienzdaten zwischen Betrieben mit gleichem Anforderungsprofil und gleicher Organisationsform zeigen, daß die Bestimmung einer anforderungsgerechten Organisationsform allein noch keine Garantie für eine effiziente Werkstattsteuerung darstellt. Vielmehr spielt das Verhalten der Organisationsmitglieder, ihr Engagement und ihre Urteilsfähigkeit eine große Rolle, um innerhalb des durch die Organisationsform vorgegebenen Rahmens eine effiziente Werkstattsteuerung zu schaffen. Zur Bestimmung der geeigneten Organisationsform für die einzelnen Anforderungsprofile sollen daher im folgenden einerseits die Effizienzdaten der Betriebe zugrundegelegt werden, andererseits müssen aber in Fällen, wo die Effizienz alleine keinen Aufschluß zuläßt, auch logische und empirische Betrachtungen miteinbezogen werden.

7.3 Darstellung der Anforderungsprofile und Bestimmung der jeweils geeigneten Organisationsform

Durch die Klassifikation der 38 Betriebe auf der Basis der Anforderungsmerkmale konnten sechs Gruppen ermittelt werden. Im folgenden sollen jetzt diese sechs Gruppen mit Hilfe der sie kennzeichnenden Merkmale dargestellt werden. Die Anforderungen jeder Gruppe sollen als "charakteristisches Anforderungsprofil" bezeichnet werden.

Im Zuge der Darstellung der Anforderungsprofile soll ihnen auch die geeignete Organisationsform zugeordnet werden. Einige grundlegende Hinweise für diese Zuordnung hat bereits die Betrachtung der Effizienzdaten im vorigen Kapitel erbracht. Zur Interpretation der Ergebnisse ist es jedoch wichtig zu berücksichtigen, daß die Bestimmung der geeigneten Organisationsform - soweit sie durch den objektiven Vergleich der Effizienzdaten begründet wird - nur aufgrund der im Rahmen der Datenerhebung vorgefundenen organisatorischen Lösungen erfolgen kann. Die Bestimmung der geeigneten Organisationsform orientiert sich demnach maßgeblich an den zur Zeit in der Praxis eingesetzten Gestaltungsalternativen einer zentralen Werkstattsteuerung. So sind z.B. EDV-gestützte Lösungen für einen Leitstand oder eine dezentrale Betriebsdatenerfassung in der Fertigung nur in einer Minderheit der Betriebe realisiert, obwohl 28 der 38 Betriebe über ein EDV-gestütztes Produktionsplanungs- und -steuerungssystem verfügen. Da ein verstärkter EDV-Einsatz für die Werkstattsteuerung sinnvoll und aufgrund der angebotenen Lösungen möglich erscheint, wird an den entsprechenden Stellen auf derartige Möglichkeiten hingewiesen.

Die sechs charakteristischen Anforderungsprofile sind in den Abbildungen 7-8 bis 7-13 dargestellt. Im oberen Teil sind die das jeweilige Profil kennzeichnenden, qualitativen Merkmale durch Umrahmung hervorgehoben. Die quantitativen Merkmale sind im unteren Teil in den drei rechten Spalten mit ihrem Maximal-, Minimal- und Durchschnittswert angegeben. Das graphische Profil dient der Verdeutlichung der Werte der quantitativen Merkmale dieses Anforderungsprofils im Vergleich zu den fünf anderen. Ein Punkt auf der ganz linken Linie bedeutet demnach, daß bei diesem Anforderungsprofil der kleinste durchschnittliche Wert des betrachteten Merkmals im Verhältnis aller sechs Anforderungsprofile vorliegt.

Anforderungsprofil 1 (Abbildung 7-8)

Das Anforderungsprofil 1 kennzeichnet überwiegend kleinere Betriebe mit einem z.T. geringen Anteil an Maschinenarbeitsplätzen, die einteilige, kundenspezifische Erzeugnisse in Serienfertigung herstellen. Die Fertigung läuft überwiegend mehrschichtig. Der Einsatz von Steuerungsinstrumenten ist gering und das Qualifikationsniveau der Werkstattmitarbeiter sehr unterschiedlich. Die Betriebe können mehrheitlich als Zulieferer für die Automobilbranche bezeichnet werden.

Bedingt durch große Lose, einen geringen Spannweitenfaktor der Dauer eines Arbeitsvorgangs und die unterdurchschnittliche Anzahl Arbeitsvorgänge pro Arbeitsplan kann eine detaillierte Kapazitätsbelegungsplanung auf einen kurzen Zeitraum beschränkt werden und z.B. nur den nächsten Arbeitsvorgang eines Auftrags betrachten.

Das sehr unterschiedliche Qualifikationsniveau der Werker macht eine enge Einbindung des Meisters in den Ablauf der Werkstattsteuerung, insbesondere für die Arbeitszuteilung und Bereitstellung, erforderlich. Da die Fertigung teilweise nach dem Gruppen- bzw. Linienprinzip oder sogar als Fließfertigung abläuft, kann sich die Arbeitsvorgangsüberwachung durch den Leitstand auf die Überwachung der Bereitstellung beschränken.

Im Zuge einer immer engeren Anbindung der Zulieferer an die Automobilbranche (z.B. durch ein Fortschrittszahlen-System) bietet sich eine möglichst ausgeprägte EDV-Unterstützung für den Leitstand an, z.B. durch ein EDV-gestütztes PPS-System und ein dezentrales BDE-System.

Die für Betriebe mit dem Anforderungsprofil 1 geeignete Organisationsform ist also - wie auch die Analyse der Effizienzdaten gezeigt hat - die Organisationsform III.

Nominale Anforderungsmerkmale

Erzeugnisspektrum	Erzeugnisstruktur	Auftragsauslösungsart	Fertigungsart	Fertigungsablaufart	Fertigungsstruktur
Erzeugnisse nach Kundenspezifikation	einteilige Erzeugnisse	Produktion auf Bestellung mit Einzelaufträgen	Einmalfertigung	Baustellenfertigung	Fertigung mit geringer Tiefe
typ. Erzeugnisse m. kundenspez. Variant.	mehrteilige Erzeugnisse mit einfacher Struktur	Produktion auf Bestellung mit Rahmenaufträgen	Einzel- und Kleinserienfertigung	Werkstattfertigung	Fertigung mit mittlerer Tiefe
Standarderzeugnisse mit Varianten	mehrteilige Erzeugnisse mit komplexer Struktur	Produktion auf Lager	Serienfertigung	Gruppen-/ Linienfertigung	Fertigung mit großer Tiefe
Standarderzeugnisse ohne Varianten			Massenfertigung	Fließfertigung	

Arbeitszeitregelung	Lohnform	Qualifikationsniveau	Kundeneinfluß	Steuerungsinstrumente	Planungssystem
1 - schichtig	Zeitlohn	unzureichende Deutschkenntnisse	hoher Anteil Aufträge mit Konventionalstrafe	Splitting	EDV - gestütztes Planungssystem
2 - schichtig	Akkordlohn	Hilfskräfte	häufige Änderungswünsche nach Fertigungsbeginn	Überlappung	EDV - System gibt Reihenfolgevorschlag
3 - schichtig	Prämienlohn	Angelernte		interne Prioritäten	EDV - System macht Kapazitätsabgleich
		Facharbeiter		externe Prioritäten	
				flex. Kapazitätszuordng.	
				Teilefamilienbildung	
				Fremdvergabe	
				Leiharbeiter	

Kardinale Anforderungsmerkmale

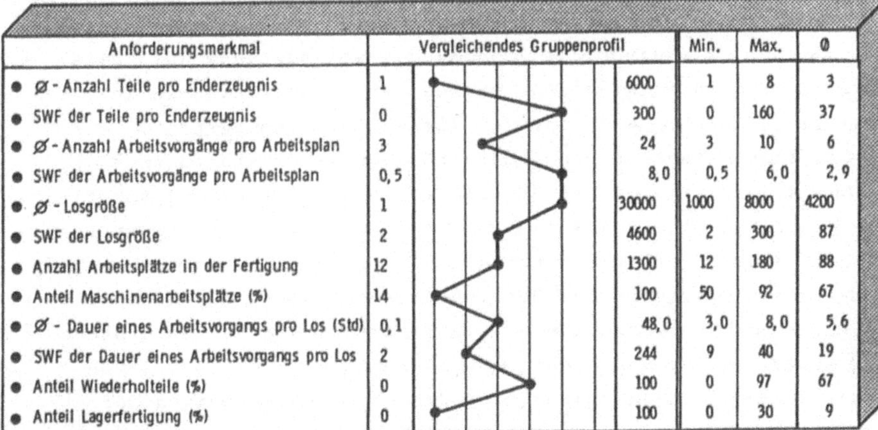

Anforderungsmerkmal	Vergleichendes Gruppenprofil		Min.	Max.	Ø
Ø - Anzahl Teile pro Enderzeugnis	1	6000	1	8	3
SWF der Teile pro Enderzeugnis	0	300	0	160	37
Ø - Anzahl Arbeitsvorgänge pro Arbeitsplan	3	24	3	10	6
SWF der Arbeitsvorgänge pro Arbeitsplan	0,5	8,0	0,5	6,0	2,9
Ø - Losgröße	1	30000	1000	8000	4200
SWF der Losgröße	2	4600	2	300	87
Anzahl Arbeitsplätze in der Fertigung	12	1300	12	180	88
Anteil Maschinenarbeitsplätze (%)	14	100	50	92	67
Ø - Dauer eines Arbeitsvorgangs pro Los (Std)	0,1	48,0	3,0	8,0	5,6
SWF der Dauer eines Arbeitsvorgangs pro Los	2	244	9	40	19
Anteil Wiederholteile (%)	0	100	0	97	67
Anteil Lagerfertigung (%)	0	100	0	30	9

Abb. 7-8: Anforderungsprofil 1

Anforderungsprofil 2 (Abbildung 7-9)

Das Anforderungsprofil 2 kennzeichnet die Produktion mehrteiliger Erzeugnisse mit komplexer Struktur in extrem kleinen Losgrößen und einer relativ kurzen Dauer der Arbeitsvorgänge, die jedoch stark schwanken kann. Die Fertigung läuft 1-schichtig mit einer Entlohnung im Zeitlohn ab und wird mit Hilfe zahlreicher Steuerungsinstrumente gesteuert.

Ein hoher Anteil an Änderungswünschen nach Fertigungsbeginn von Seiten der Kunden erfordert eine späte Belegerstellung über Drucker möglichst direkt im Leitstand. Die kundennahe Fertigung mit einem geringen Anteil an Lagerfertigung und Wiederholfertigung verlangt eine möglichst exakte Arbeitsvorgangsüberwachung, damit z.B. die Auswirkungen von Störungen auf die Montage frühzeitig erkannt werden können. Starke Schwankungen der Dauer eines Arbeitsvorgangs sowie die überdurchschnittliche hohe Anzahl Arbeitsvorgänge pro Arbeitsplan machen eine exakte Kapazitätsbelegungsplanung erforderlich und führen zu einer Bündelung der teilweise extrem kurzen Arbeitsvorgänge von z.B. nur 0,1 Std. im Rahmen der Arbeitszuteilung, während längere Arbeitsvorgänge nur einzeln zugeteilt werden sollten.

Das Anforderungsprofil 2 repräsentiert unter den sechs Anforderungsprofilen die höchsten Anforderungen an die Werkstattsteuerung vor allem durch die kundenbezogene Fertigung auf Teileebene sowie die meist sehr kurzen, stark schwankenden Arbeitsvorgangsdauern. Damit ist für dieses Anforderungsprofil eine hohe Zentralisation und Intensität der Werkstattsteuerung besonders wichtig. Die für Betriebe mit dem Anforderungsprofil 2 geeignete Organisationsform ist also die Organisationsform V. Eine EDV-gestützte Werkstattauftragsfortschrittsüberwachung und eine fertigungsnahe Betriebsdatenerfassung durch ein dezentrales BDE-System können die Effizienz der Werkstattsteuerung zweifellos verbessern. Bei den untersuchten Betrieben dieser Anforderungsgruppe sind derartige EDV-Lösungen jedoch nur in sehr geringem Umfang realisiert.

Nominale Anforderungsmerkmale

Erzeugnisspektrum	Erzeugnisstruktur	Auftragsauslösungsart	Fertigungsart	Fertigungsablaufart	Fertigungsstruktur
Erzeugnisse nach Kundenspezifikation	einteilige Erzeugnisse	Produktion auf Bestellung mit Einzelaufträgen	Einmalfertigung	Baustellenfertigung	Fertigung mit geringer Tiefe
typ. Erzeugnisse m. kundenspez. Variant.	mehrteilige Erzeugnisse mit einfacher Struktur	Produktion auf Bestellung mit Rahmenaufträgen	Einzel- und Kleinserienfertigung	Werkstattfertigung	Fertigung mit mittlerer Tiefe
Standarderzeugnisse mit Varianten	mehrteilige Erzeugnisse mit komplexer Struktur	Produktion auf Lager	Serienfertigung	Gruppen-/ Linienfertigung	Fertigung mit großer Tiefe
Standarderzeugnisse ohne Varianten			Massenfertigung	Fließfertigung	

Arbeitszeitregelung	Lohnform	Qualifikationsniveau	Kundeneinfluß	Steuerungsinstrumente	Planungssystem
1 - schichtig	Zeitlohn	unzureichende Deutschkenntnisse	hoher Anteil Aufträge mit Konventionalstrafe	Splitting	EDV - gestütztes Planungssystem
2 - schichtig	Akkordlohn	Hilfskräfte	häufige Änderungswünsche nach Fertigungsbeginn	Überlappung	EDV - System gibt Reihenfolgevorschlag
3 - schichtig	Prämienlohn	Angelernte		interne Prioritäten	EDV - System macht Kapazitätsabgleich
		Facharbeiter		externe Prioritäten	
				flex. Kapazitätszuordng.	
				Teilefamilienbildung	
				Fremdvergabe	
				Leiharbeiter	

Kardinale Anforderungsmerkmale

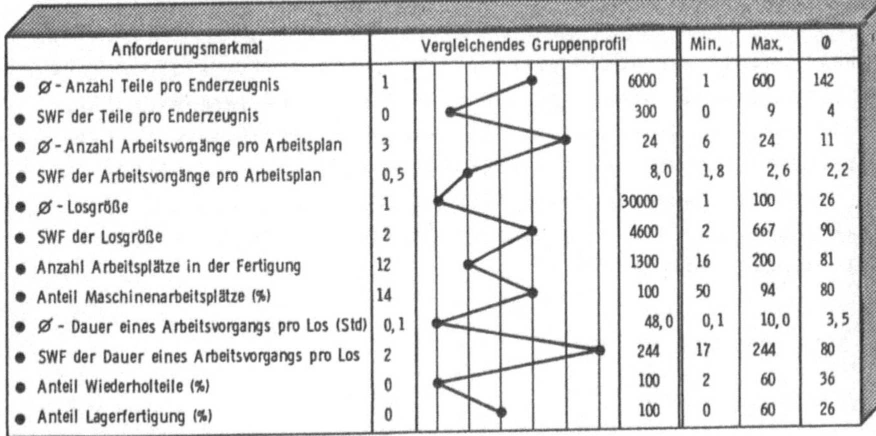

Anforderungsmerkmal	Vergleichendes Gruppenprofil (von)	Vergleichendes Gruppenprofil (bis)	Min.	Max.	Ø
Ø - Anzahl Teile pro Enderzeugnis	1	6000	1	600	142
SWF der Teile pro Enderzeugnis	0	300	0	9	4
Ø - Anzahl Arbeitsvorgänge pro Arbeitsplan	3	24	6	24	11
SWF der Arbeitsvorgänge pro Arbeitsplan	0,5	8,0	1,8	2,6	2,2
Ø - Losgröße	1	30000	1	100	26
SWF der Losgröße	2	4600	2	667	90
Anzahl Arbeitsplätze in der Fertigung	12	1300	16	200	81
Anteil Maschinenarbeitsplätze (%)	14	100	50	94	80
Ø - Dauer eines Arbeitsvorgangs pro Los (Std)	0,1	48,0	0,1	10,0	3,5
SWF der Dauer eines Arbeitsvorgangs pro Los	2	244	17	244	80
Anteil Wiederholteile (%)	0	100	2	60	36
Anteil Lagerfertigung (%)	0	100	0	60	26

Abb. 7-9: Anforderungsprofil 2

Anforderungsprofil 3 (Abbildung 7-10)

Das Anforderungsprofil 3 kennzeichnet überwiegend kleinere Betriebe mit einem teilweise geringen Anteil an Maschinenarbeitsplätzen, die typisierte Erzeugnisse mit komplexer Struktur nach Kundenauftrag in Einzel- oder Kleinserienfertigung herstellen, wobei häufig Konventionalstrafen vereinbart sind und Änderungswünsche nach Fertigungsbeginn auftreten. Trotz der kundenspezifischen Montage der Erzeugnisse ist auf Teileebene der Anteil an Lagerfertigung und an Wiederholteilen hoch.

Die relativ lange Dauer der Arbeitsvorgänge sowie der relativ hohe Anteil an Lagerfertigung erlauben eine weniger zeitgenaue Überwachung der Arbeitsvorgänge durch Hilfsmittel im Leitstand als beim Anforderungsprofil 2. Dies setzt allerdings voraus, daß der Umfang des zugeteilten Arbeitsvorrats in Grenzen bleibt und je nach Dauer eines Arbeitsvorgangs nicht mehr als 1 bis 3 Aufträge möglichst direkt durch den Leitstand zugeteilt werden.

Die EDV-Unterstützung für die Werkstattsteuerung ist in den untersuchten Betrieben dieser Anforderungsgruppe noch überwiegend zentral organisiert, so daß die Rückmeldungen z.B. auf Belegen gesammelt und an zentraler Stelle in die EDV eingegeben werden.

Aufgrund der geringen Anforderungen an die Aktualität der Arbeitsvorgangsüberwachung kann für dieses Anforderungsprofil eine Organisationsform gewählt werden, deren Grad an Zentralisation und Intensität der Werkstattsteuerung niedriger ist als für das Anforderungsprofil 2. Die für Betriebe mit dem Anforderungsprofil 3 geeignete Organisationsform ist also die Organisationsform IV.

Nominale Anforderungsmerkmale

Erzeugnisspektrum	Erzeugnisstruktur	Auftragsauslösungsart	Fertigungsart	Fertigungsablaufart	Fertigungsstruktur
Erzeugnisse nach Kundenspezifikation	einteilige Erzeugnisse	**Produktion auf Bestellung mit Einzelaufträgen**	Einmalfertigung	Baustellenfertigung	Fertigung mit geringer Tiefe
typ. Erzeugnisse m. kundenspez. Variant.	mehrteilige Erzeugnisse mit einfacher Struktur	Produktion auf Bestellung mit Rahmenaufträgen	**Einzel- und Kleinserienfertigung**	**Werkstattfertigung**	**Fertigung mit mittlerer Tiefe**
Standarderzeugnisse mit Varianten	**mehrteilige Erzeugnisse mit komplexer Struktur**	Produktion auf Lager	Serienfertigung	Gruppen-/ Linienfertigung	**Fertigung mit großer Tiefe**
Standarderzeugnisse ohne Varianten			Massenfertigung	Fließfertigung	

Arbeitszeitregelung	Lohnform	Qualifikationsniveau	Kundeneinfluß	Steuerungsinstrumente	Planungssystem
1 - schichtig	**Zeitlohn**	**unzureichende Deutschkenntnisse**	**hoher Anteil Aufträge mit Konventionalstrafe**	**Splitting**	**EDV - gestütztes Planungssystem**
2 - schichtig	Akkordlohn	Hilfskräfte	**häufige Änderungswünsche nach Fertigungsbeginn**	Überlappung	EDV - System gibt Reihenfolgevorschlag
3 - schichtig	Prämienlohn	**Angelernte**		**interne Prioritäten**	EDV - System macht Kapazitätsabgleich
		Facharbeiter		externe Prioritäten	
				flex. Kapazitätszuordng.	
				Teilefamilienbildung	
				Fremdvergabe	
				Leiharbeiter	

Kardinale Anforderungsmerkmale

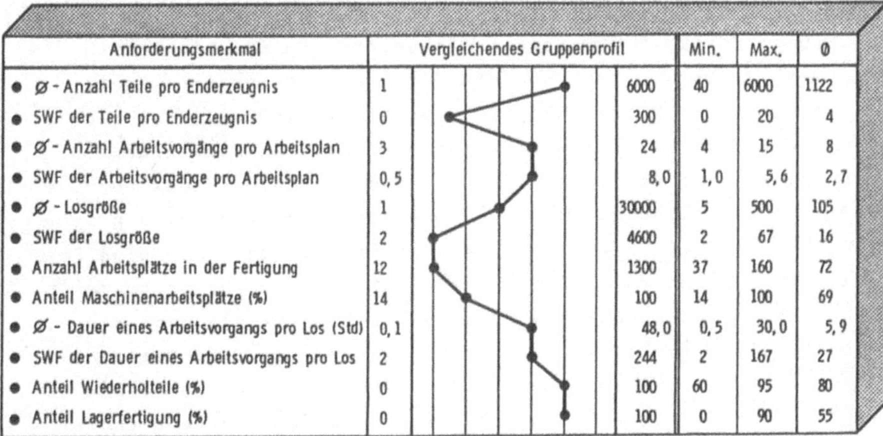

Anforderungsmerkmal	Vergleichendes Gruppenprofil (von)	Vergleichendes Gruppenprofil (bis)	Min.	Max.	Ø
• Ø - Anzahl Teile pro Enderzeugnis	1	6000	40	6000	1122
• SWF der Teile pro Enderzeugnis	0	300	0	20	4
• Ø - Anzahl Arbeitsvorgänge pro Arbeitsplan	3	24	4	15	8
• SWF der Arbeitsvorgänge pro Arbeitsplan	0,5	8,0	1,0	5,6	2,7
• Ø - Losgröße	1	30000	5	500	105
• SWF der Losgröße	2	4600	2	67	16
• Anzahl Arbeitsplätze in der Fertigung	12	1300	37	160	72
• Anteil Maschinenarbeitsplätze (%)	14	100	14	100	69
• Ø - Dauer eines Arbeitsvorgangs pro Los (Std)	0,1	48,0	0,5	30,0	5,9
• SWF der Dauer eines Arbeitsvorgangs pro Los	2	244	2	167	27
• Anteil Wiederholteile (%)	0	100	60	95	80
• Anteil Lagerfertigung (%)	0	100	0	90	55

Abb. 7-10: Anforderungsprofil 3

Anforderungsprofil 4 (Abbildung 7-11)

In den überwiegend mittleren Betrieben der Gruppe mit dem Anforderungsprofil 4 findet neben dem Werkstättenprinzip auch Gruppen- oder Linienfertigung zur Herstellung typisierter oder standardisierter Erzeugnisse mit Varianten auf Bestellung in Serienfertigung Anwendung. Zahlreiche Steuerungsinstrumente dienen zur Steuerung der Fertigung, die durch einen hohen Anteil an Konventionalstrafen und Änderungswünschen beeinflußt wird. Auf Teileebene ist der Anteil an Wiederholfertigung sehr hoch. Die Anzahl Arbeitsvorgänge pro Arbeitsplan sowie die durchschnittliche Dauer eines Arbeitsvorgangs sind relativ hoch, wobei die Schwankungen der Arbeitsvorgangsdauer gering sind.

Aufgrund des hohen Anteils an Konventionalstrafen und der Vielzahl der eingesetzten Steuerungsinstrumente ist eine detaillierte, aktuelle Überwachung der Fertigung durch einen Leitstand notwendig. Eine direkte Anweisung der Arbeitszuteilung an die Werkstattmitarbeiter wird durch das hohe Qualifikationsniveau begünstigt.

Eine Analyse der Effizienz hat gezeigt, daß in Betrieben mit dem Anforderungsprofil 4 sowohl die Organisationsform II als auch die Organisationsform V zu einer vergleichsweise guten Leistungsfähigkeit der Werkstattsteuerung führt. Die Kosten für eine Werkstattsteuerung mit der Organisationsform V sind jedoch deutlich höher. Dies ist vor allem, auf einem höheren Personalbedarf des Leitstands für eine detaillierte Arbeitszuteilung und eine aktuelle Arbeitsvorgangsüberwachung zurückzuführen. Je nachdem, ob in der betrieblichen Zielsetzung eine höhere Leistungsfähigkeit der Werkstattsteuerung oder eine Reduzierung der Kosten für die Werkstattsteuerung höher bewertet wird, kann also sowohl die Organisationsform V als auch die Organisationsform II als geeignet angesehen werden. Damit die geringe Zentralisation der Werkstattsteuerung bei der Organisationsform II die Handlungsfähigkeit des Leitstands nicht einschränkt, sollten die Rückmeldungen möglichst EDV-gestützt durch ein dezentrales BDE-System erfolgen.

Nominale Anforderungsmerkmale

Erzeugnisspektrum	Erzeugnisstruktur	Auftragsauslösungsart	Fertigungsart	Fertigungsablaufart	Fertigungsstruktur
Erzeugnisse nach Kundenspezifikation	einteilige Erzeugnisse	Produktion auf Bestellung mit Einzelaufträgen	Einmalfertigung	Baustellenfertigung	Fertigung mit geringer Tiefe
typ. Erzeugnisse m. kundenspez. Variant.	mehrteilige Erzeugnisse mit einfacher Struktur	Produktion auf Bestellung mit Rahmenaufträgen	Einzel- und Kleinserienfertigung	Werkstattfertigung	Fertigung mit mittlerer Tiefe
Standarderzeugnisse mit Varianten	mehrteilige Erzeugnisse mit komplexer Struktur	Produktion auf Lager	Serienfertigung	Gruppen-/ Linienfertigung	Fertigung mit großer Tiefe
Standarderzeugnisse ohne Varianten			Massenfertigung	Fließfertigung	

Arbeitszeitregelung	Lohnform	Qualifikationsniveau	Kundeneinfluß	Steuerungsinstrumente	Planungssystem
1 - schichtig	Zeitlohn	unzureichende Deutschkenntnisse	hoher Anteil Aufträge mit Konventionalstrafe	Splitting	EDV - gestütztes Planungssystem
2 - schichtig	Akkordlohn	Hilfskräfte	häufige Änderungswünsche nach Fertigungsbeginn	Überlappung	EDV - System gibt Reihenfolgevorschlag
3 - schichtig	Prämienlohn	Angelernte		interne Prioritäten	EDV - System macht Kapazitätsabgleich
		Facharbeiter		externe Prioritäten	
				flex. Kapazitätszuordng.	
				Teilefamilienbildung	
				Fremdvergabe	
				Leiharbeiter	

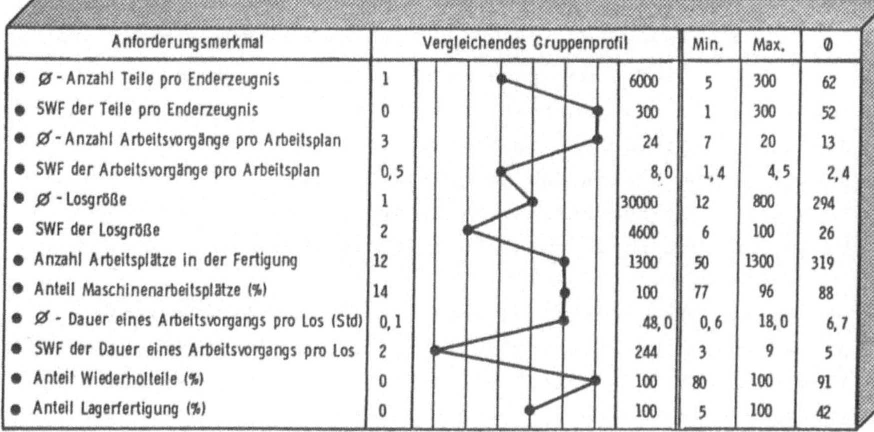

Kardinale Anforderungsmerkmale

Anforderungsmerkmal	Vergleichendes Gruppenprofil (von)	Vergleichendes Gruppenprofil (bis)	Min.	Max.	Ø
• Ø - Anzahl Teile pro Enderzeugnis	1	6000	5	300	62
• SWF der Teile pro Enderzeugnis	0	300	1	300	52
• Ø - Anzahl Arbeitsvorgänge pro Arbeitsplan	3	24	7	20	13
• SWF der Arbeitsvorgänge pro Arbeitsplan	0,5	8,0	1,4	4,5	2,4
• Ø - Losgröße	1	30000	12	800	294
• SWF der Losgröße	2	4600	6	100	26
• Anzahl Arbeitsplätze in der Fertigung	12	1300	50	1300	319
• Anteil Maschinenarbeitsplätze (%)	14	100	77	96	88
• Ø - Dauer eines Arbeitsvorgangs pro Los (Std)	0,1	48,0	0,6	18,0	6,7
• SWF der Dauer eines Arbeitsvorgangs pro Los	2	244	3	9	5
• Anteil Wiederholteile (%)	0	100	80	100	91
• Anteil Lagerfertigung (%)	0	100	5	100	42

Abb. 7-11: Anforderungsprofil 4

Anforderungsprofil 5 (Abbildung 7-12)

Die Betriebe der Anforderungsgruppe 5 produzieren Standarderzeugnisse in Serienfertigung auf Lager nach dem Werkstattprinzip und teilweise in Gruppen- oder Linienfertigung. Das Qualifikationsniveau der Werkstattmitarbeiter ist niedrig. Die Anzahl der Arbeitsvorgänge pro Arbeitsplan ist gering, und die häufig sehr großen Losgrößen schwanken stark.

Die Standardisierung der Produkte, der hohe Anteil Lagerfertigung in großen Losen und die geringe Anzahl Arbeitsvorgänge pro Arbeitsplan ermöglichen eine relativ zuverlässige Planung und Abstimmung der Fertigung durch ein vorgelagertes Produktionsplanungs- und -steuerungssystem. Auf der Basis dieser Planungsvorgaben stellt der Leitstand das Bindeglied zur Fertigung dar. Bei der Bestimmung einer geeigneten Organisationsform muß das niedrige Qualifikationsniveau der Werkstattmitarbeiter berücksichtigt werden, das in vielen Fällen eine kurzfristige Steuerung der Fertigung durch Meister und Vorarbeiter erfordert.

Das Anforderungsprofil 5 stellt in bezug auf den Standardisierungsgrad der Erzeugnisse sowie der Serienfertigung auf Lager die geringsten Anforderungen an die Aktualität und Reaktionsfähigkeit der Werkstattsteuerung. In Betrieben mit lagerorientierter Fertigung liegt der Schwerpunkt der Planung und Steuerung weniger auf einer genauen Einhaltung von Mengen und Terminen aller Werkstattaufträge als vielmehr auf einer Aufrechterhaltung der Lieferbereitschaft durch rechtzeitige Wiederbeschaffung von Teilen und Baugruppen. Dabei ist eine strikte Trennung einzelner Werkstattaufträge für gleiche Teile und ein Bezug zum Kundenauftrag nicht erforderlich.

Vor diesem Hintergrund und unter der Voraussetzung aktueller und zuverlässiger Planungsvorgaben stellt die Organisationsform II eine geeignete Möglichkeit zur organisatorischen Gestaltung der Werkstattsteuerung dar. Zur Unterstützung der Disposition auf allen Erzeugnisebenen sollte der Werkstattbestand mit Hilfe eines dezentralen BDE-Systems aktuell geführt werden.

Nominale Anforderungsmerkmale

Erzeugnisspektrum	Erzeugnisstruktur	Auftragsauslösungsart	Fertigungsart	Fertigungsablaufart	Fertigungsstruktur
Erzeugnisse nach Kundenspezifikation	einteilige Erzeugnisse	Produktion auf Bestellung mit Einzelaufträgen	Einmalfertigung	Baustellenfertigung	Fertigung mit geringer Tiefe
typ. Erzeugnisse m. kundenspez. Variant.	mehrteilige Erzeugnisse mit einfacher Struktur	Produktion auf Bestellung mit Rahmenaufträgen	Einzel- und Kleinserienfertigung	Werkstattfertigung	Fertigung mit mittlerer Tiefe
Standarderzeugnisse mit Varianten	mehrteilige Erzeugnisse mit komplexer Struktur	Produktion auf Lager	Serienfertigung	Gruppen-/ Linienfertigung	Fertigung mit großer Tiefe
Standarderzeugnisse ohne Varianten			Massenfertigung	Fließfertigung	

Arbeitszeitregelung	Lohnform	Qualifikationsniveau	Kundeneinfluß	Steuerungsinstrumente	Planungssystem
1 - schichtig	Zeitlohn	unzureichende Deutschkenntnisse	hoher Anteil Aufträge mit Konventionalstrafe	Splitting	EDV - gestütztes Planungssystem
2 - schichtig	Akkordlohn	Hilfskräfte	häufige Änderungswünsche nach Fertigungsbeginn	Überlappung	EDV - System gibt Reihenfolgevorschlag
3 - schichtig	Prämienlohn	Angelernte		interne Prioritäten	EDV - System macht Kapazitätsabgleich
		Facharbeiter		externe Prioritäten	
				flex. Kapazitätszuordng.	
				Teilefamilienbildung	
				Fremdvergabe	
				Leiharbeiter	

Kardinale Anforderungsmerkmale

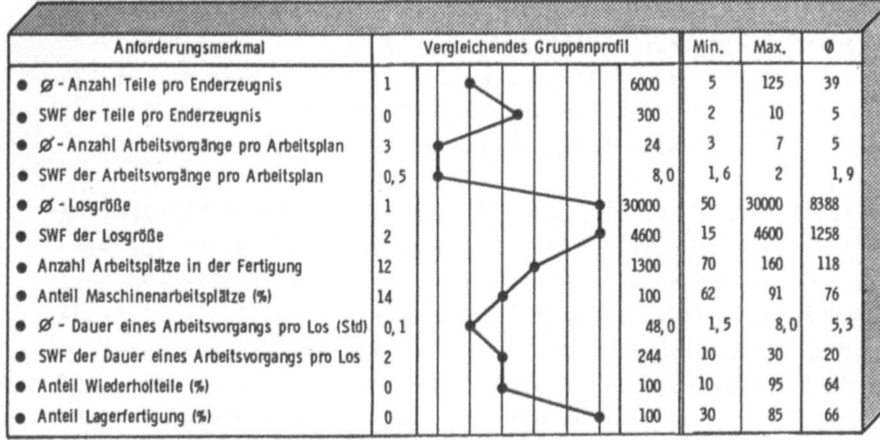

Anforderungsmerkmal	Vergleichendes Gruppenprofil (von)	Vergleichendes Gruppenprofil (bis)	Min.	Max.	Ø
• Ø - Anzahl Teile pro Enderzeugnis	1	6000	5	125	39
• SWF der Teile pro Enderzeugnis	0	300	2	10	5
• Ø - Anzahl Arbeitsvorgänge pro Arbeitsplan	3	24	3	7	5
• SWF der Arbeitsvorgänge pro Arbeitsplan	0,5	8,0	1,6	2	1,9
• Ø - Losgröße	1	30000	50	30000	8388
• SWF der Losgröße	2	4600	15	4600	1258
• Anzahl Arbeitsplätze in der Fertigung	12	1300	70	160	118
• Anteil Maschinenarbeitsplätze (%)	14	100	62	91	76
• Ø - Dauer eines Arbeitsvorgangs pro Los (Std)	0,1	48,0	1,5	8,0	5,3
• SWF der Dauer eines Arbeitsvorgangs pro Los	2	244	10	30	20
• Anteil Wiederholteile (%)	0	100	10	95	64
• Anteil Lagerfertigung (%)	0	100	30	85	66

Abb. 7-12: Anforderungsprofil 5

Anforderungsprofil 6 (Abbildung 7-13)

Die Betriebe dieser Anforderungsgruppe sind überwiegend Großbetriebe, die dem Schwermaschinen- oder Anlagenbau zuzurechnen sind. Die Erzeugnisse sind dementsprechend kundenspezifisch mit komplexer Struktur, wobei Konventionalstrafen und häufige Änderungen auftreten. Der Anteil an Maschinenarbeitsplätzen ist sehr hoch, und zu deren Steuerung werden zahlreiche Steuerungsinstrumente eingesetzt. Bei einem geringen Anteil Lagerfertigung ist die Losgröße klein mit starken Schwankungen. Die Dauer eines Arbeitsvorgangs ist im Durchschnitt mit 17,2 Std. sehr hoch, kann aber stark schwanken.

Schwierige Transport- und Rüstvorgänge erfordern eine frühzeitige Vorbereitung und Zuteilung der Arbeitsvorgänge. Daher sollte der Leitstand diese Vorgänge koordinieren und veranlassen, die aktuelle Überwachung der Ausführung muß auf jeden Fall durch den Meister vor Ort geschehen. Die Information des Leitstands sollte durch eine zentrale oder dezentrale EDV-gestützte Betriebsdatenerfassung erfolgen.

In den untersuchten Betrieben dieser Anforderungsgruppe ist der EDV-Einsatz für die Produktionsplanung und -steuerung und für die Werkstattsteuerung bereits weit fortgeschritten. Die Arbeitsvorgangsüberwachung wird in der Regel durch eine EDV-gestützte Betriebsdatenerfassung erleichtert. In einem der Betriebe ist ein "elektronischer" Leitstand installiert, der eine graphische Kapazitätsbelegungsplanung nach dem Plantafelprinzip auf einem interaktivem Bildschirm ermöglicht.

Die Betriebe mit dem Anforderungsprofil 6 weisen entweder die Organisationsform II oder die Organisationsform IV auf. Aufgrund der hohen Anforderungen an die Werkstattsteuerung bedingt durch das Erzeugnisspektrum, die Erzeugnisstruktur, die starken Schwankungen der Arbeitsvorgangsdauer und den starken Kundenbezug der Teilefertigung muß die Organisationsform IV als die am besten geeignete Organisationsform angesehen werden.

Nominale Anforderungsmerkmale

Erzeugnisspektrum	Erzeugnisstruktur	Auftragsauslösungsart	Fertigungsart	Fertigungsablaufart	Fertigungsstruktur
Erzeugnisse nach Kundenspezifikation	einteilige Erzeugnisse	Produktion auf Bestellung mit Einzelaufträgen	Einmalfertigung	Baustellenfertigung	Fertigung mit geringer Tiefe
typ. Erzeugnisse m. kundenspez. Variant.	mehrteilige Erzeugnisse mit einfacher Struktur	Produktion auf Bestellung mit Rahmenaufträgen	Einzel- und Kleinserienfertigung	Werkstattfertigung	Fertigung mit mittlerer Tiefe
Standarderzeugnisse mit Varianten	mehrteilige Erzeugnisse mit komplexer Struktur	Produktion auf Lager	Serienfertigung	Gruppen-/ Linienfertigung	Fertigung mit großer Tiefe
Standarderzeugnisse ohne Varianten			Massenfertigung	Fließfertigung	

Arbeitszeitregelung	Lohnform	Qualifikationsniveau	Kundeneinfluß	Steuerungsinstrumente	Planungssystem
1 - schichtig	Zeitlohn	unzureichende Deutschkenntnisse	hoher Anteil Aufträge mit Konventionalstrafe	Splitting	EDV - gestütztes Planungssystem
2 - schichtig	Akkordlohn	Hilfskräfte	häufige Änderungswünsche nach Fertigungsbeginn	Überlappung	EDV - System gibt Reihenfolgevorschlag
3 - schichtig	Prämienlohn	Angelernte		Interne Prioritäten	EDV - System macht Kapazitätsabgleich
		Facharbeiter		externe Prioritäten	
				flex. Kapazitätszuordng.	
				Teilefamilienbildung	
				Fremdvergabe	
				Leiharbeiter	

Kardinale Anforderungsmerkmale

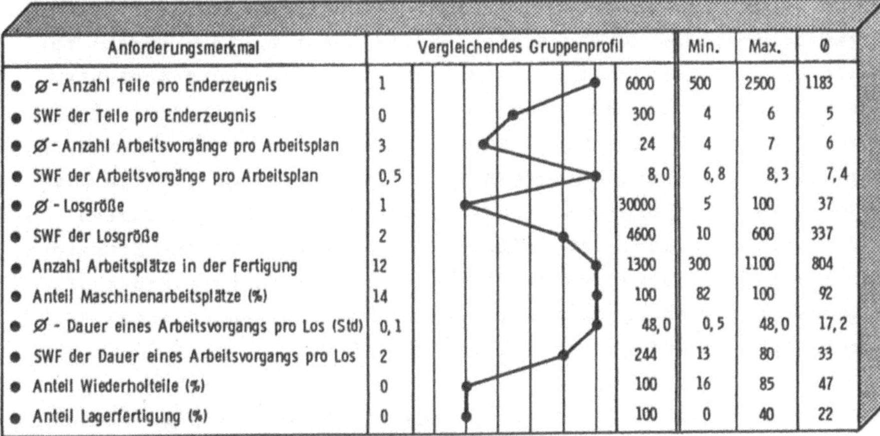

Anforderungsmerkmal	Vergleichendes Gruppenprofil		Min.	Max.	Ø
Ø - Anzahl Teile pro Enderzeugnis	1	6000	500	2500	1183
SWF der Teile pro Enderzeugnis	0	300	4	6	5
Ø - Anzahl Arbeitsvorgänge pro Arbeitsplan	3	24	4	7	6
SWF der Arbeitsvorgänge pro Arbeitsplan	0,5	8,0	6,8	8,3	7,4
Ø - Losgröße	1	30000	5	100	37
SWF der Losgröße	2	4600	10	600	337
Anzahl Arbeitsplätze in der Fertigung	12	1300	300	1100	804
Anteil Maschinenarbeitsplätze (%)	14	100	82	100	92
Ø - Dauer eines Arbeitsvorgangs pro Los (Std)	0,1	48,0	0,5	48,0	17,2
SWF der Dauer eines Arbeitsvorgangs pro Los	2	244	13	80	33
Anteil Wiederholteile (%)	0	100	16	85	47
Anteil Lagerfertigung (%)	0	100	0	40	22

Abb. 7-13: Anforderungsprofil 6

7.4 Abschließende Beurteilung der Entscheidungshilfen

Die fünf Organisationsformen, die anhand der Organisationsmerkmale der 38 Betriebe mit Hilfe von Klassifikationsverfahren ermittelt werden konnten, kennzeichnen die Werkstattsteuerung durch Meister und Vorarbeiter (Organisationsform I) sowie vier mehr oder weniger stark zentralisierte Organisationsformen. Bemerkenswert erscheint dabei, daß auch die Organisationsform V, als die Organisationsform mit der höchsten Zentralisation der Werkstattsteuerung auf den Leitstand, keine vollständige Zentralisation der Werkstattsteuerung vorsieht. Eine solchermaßen zentrale Werkstattsteuerung müßte nach der Verfügbarkeitsprüfung eine detaillierte Arbeitszuteilung jedes einzelnen Arbeitsvorgangs direkt an den Werker unmittelbar vor Arbeitsbeginn durchführen und eine aktuelle Überwachung sämtlicher Arbeitsvorgänge, Kontrollvorgänge, Transportvorgänge und weiterer vorbereitender Tätigkeit vornehmen. Die Untersuchung der 38 Leitstände hat jedoch gezeigt, daß diese Form der Werkstattsteuerung nur selten realisiert wird. Ein wesentlicher Grund hierfür ist der hohe personelle Aufwand.

Die vorangestellten Überlegungen zur Bestimmung der geeigneten Organisationsform für jedes Anforderungsprofil haben deutlich gemacht, daß die Organisationsform I für keines der zuvor ermittelten Anforderungsprofile empfohlen werden kann. Diese Organisationsform zeichnet sich häufig durch geringe Kosten für die Werkstattsteuerung aus, was jedoch darauf zurückzuführen ist, daß die hohe Belastung der Führungskräfte in der Fertigung und die Folgen von mangelnder Termintreue und hohem Werkstattbestand nicht kostenmäßig erfaßt werden. Obwohl nur vier Betriebe diese Organisationsform aufweisen, läßt sich also tendenziell sagen, daß aufgrund eines Vergleichs der Effizienz verschiedener Organisationsformen der Werkstattsteuerung die Werkstattsteuerung nach dem "klassischen Meisterprinzip" für keins der Anforderungsprofile geeignet ist.

Die sechs ermittelten Anforderungsprofile decken ein breites Spektrum betrieblicher Anforderungen an die Werkstattsteuerung ab. Die Anforderungen an die Werkstattsteuerung im Hinblick auf Intensität und Zentralisation steigen insbesondere mit zunehmender Kundennähe der Fertigung (Erzeugnisspektrum, Auftragsauslösungsart, Kundeneinfluß, Anteil Wiederholteile und Lagerfertigung) und häufigen Auftragswechseln (Fertigungsart, Ø-Losgröße, Ø-Dauer eines Arbeitsvorgangs pro Los). Die Beurteilung der Eignung einer Organisationsform kann jedoch nur vor dem Hintergrund der internen Unternehmenssituation (Arbeitszeitregelung, Lohnform, Qualifikationsniveau, Steuerungsinstrumente) erfolgen.

Abschließend sei nochmals hervorgehoben, daß die Organisationsformen und die Anforderungsprofile Typen darstellen, die die relevanten Eigenschaften einer Gruppe repräsentieren, ohne jedoch den Detaillierungsgrad einer betriebsindividuellen Konzeption zu ereichen. Insbesondere die Analyse der Effizienzdaten hat gezeigt, daß die Auswahl einer anforderungsgerechten Organisationsform allein noch keine Garantie für eine effiziente Werkstattsteuerung darstellt. Vielmehr spielt das Verhalten der Organisationsmitglieder innerhalb des durch die Organisationsform vorgegebenen Rahmens eine wesentliche Rolle für die Erreichung der Ziele der Werkstattsteuerung und damit für eine Verbesserung der Effizienz.

8. Zusammenfassung und Ausblick

Eine effiziente Werkstattsteuerung bedingt vor allem eine den Erfordernissen des jeweiligen Betriebs angepaßte Organisationsform, die Durchsetzungsfähigkeit garantiert und aktuelle, ausreichend detaillierte Informationen über die Situation in der Fertigung liefert. Die Werkstattsteuerung ist in vielen Betrieben eine Domäne der Meister oder spezieller Terminsachbearbeiter. Eine derartige Organisation gewährleistet jedoch in vielen Fällen nicht die nötige Transparenz und Eingriffsmöglichkeit zur flexiblen Reaktion auf Störungen oder unvorhergesehene Änderungen.

Eine bessere Transparenz und Flexibilität kann durch eine zentrale Werkstattsteuerung erreicht werden, bei der die Aufgaben der Werkstattsteuerung von einer zentralen Stelle - dem Leitstand - durchgeführt werden. Die zentrale Werkstattsteuerung durch einen Leitstand erlaubt aufgrund der unterschiedlichen Gestaltungsmöglichkeiten mit konventionellen und EDV-gestützten Komponeten sowie der Vielzahl möglicher Organisationsformen eine Anpassung an sehr unterschiedliche betriebliche Randbedingungen. Eine anforderungsgerechte, effiziente Gestaltung einer zentralen Werkstattsteuerung erfordert jedoch die Kenntnis der betrieblichen Anforderungen, der unterschiedlichen organisatorischen Gestaltungsmöglichkeiten und eine Beurteilung der Eignung möglicher Organisationsformen.

Vor diesem Hintergrund war es Ziel der vorliegenden Arbeit, Entscheidungshilfen für eine anforderungsgerechte Gestaltung einer zentralen Werkstattsteuerung zu erarbeiten. Die anforderungsgerechte Gestaltung der Werkstattsteuerung wurde dabei als organisatorisches Problem begriffen und demzufolge der Vorgehensweise ein organisationstheoretischer Ansatz - der situative Ansatz - zugrundegelegt.

Entsprechend diesem situativen Ansatz wurden im folgenden die Beziehungen zwischen den Anforderungen an die Werkstattsteuerung, der Organisation und der Effizienz der Werkstattsteuerung untersucht. Ausgangspunkt einer Operationalisierung dieser Variablen war eine detaillierte funktionale Gliederung der Werkstattsteuerung und eine Darstellung des Organisationsprinzips einer dezentralen und einer zentralen Werkstattsteuerung. Die Erfassung der Anforderungen, der Organisation und der Effizienz der Werkstattsteuerung erfolgte durch quantitative und qualitative Merkmale.

Auf der Basis dieser Merkmale wurde eine breit angelegte Datenerhebung in Betrieben des Maschinenbaus, der metallverarbeitenden Industrie, der Elektronik u.a. durchgeführt. Die Vielzahl betrieblicher Erscheinungsformen erforderte eine Verdichtung der Informationen, um die Zusammenhänge zwischen Anforderungen und Organisation transparent zu machen. Für die Aufbereitung und Verdichtung der Daten wurden statistische Verfahren eingesetzt. Mit Hilfe von Klassifikationsverfahren konnten sowohl für die Anforderungen als auch für die Organisation der Werkstattsteuerung Typen gebildet werden, die die relevanten Eigenschaften einer Gruppe von betrieblichen Erscheinungsformen repräsentieren.

Die so ermittelten fünf typischen Organisationsformen der Werkstattsteuerung kennzeichnen einmal die Werkstattsteuerung durch Meister und Vorarbeiter sowie vier weitere Organsisationsformen mit unterschiedlich starker Zentralisation der Werkstattsteuerung auf den Leitstand und unterschiedlicher Intensität in der Durchführung der Werkstattsteuerungsfunktionen. Bei den Anforderungen konnten sechs charakteristische Anforderungsprofile unterschieden werden. Die Bestimmung der am besten geeigneten Organisationsform für jedes Anforderungsprofil erfolgte auf der Basis der Effizienzdaten unter Berücksichtigung logischer und empirischer Gesichtspunkte. Ein wesentliches Ergebnis dieses Schrittes ist die Feststellung, daß die dezentrale Organisationsform einer Werkstattsteuerung durch Meister und Vorarbeiter aufgrund der Analyse der Effizienzdaten für keines der ermittelten Anforderungsprofile als geeignet angesehen werden konnte.

Die Analyse der Anforderungsprofile bestätigte die in den Betriebsuntersuchungen gewonnenen Erfahrungen. So steigen die Anforderungen an die Werkstattsteuerung im Hinblick auf Intensität und Zentralisation insbesondere mit zunehmender Kundennähe der Fertigung und häufigen Auftragswechseln. Die Beurteilung der Eignung einer Organisationsform kann jedoch nur vor dem Hintergrund der internen Situation der Werkstattsteuerung sowie der externen Umweltsituation erfolgen.

Für die anforderungsgerechte Gestaltung einer zentralen Werkstattsteuerung liefert die vorliegende Arbeit durch die Darstellung der Organisationformen und der Anforderungsprofile sowie durch die Beurteilung der Eignung der Organisationsformen anhand von Effizienzkriterien wichtige Entscheidungshilfen. Da die Vorgehensweise jedoch empirischen Charakter hatte, erfolgte eine Beurteilung der Organisationsformen auf der Basis der in den untersuchten Betrieben eingesetzten organisatorischen Gestaltungsalternativen. Der in den untersuchten Betrieben vorgefundene Umfang der EDV- Unterstützung für die Werkstattsteuerung war dabei noch überwiegend gering. Obwohl die Mehrzahl der untersuchten Betriebe ein EDV-gestütztes Produktionsplanungs- und -steuerungssystem einsetzt und eine Minderheit darüberhinaus über ein dezentrales Betriebsdatenerfassungssystem verfügt, erscheint eine Verbesserung der EDV-Unterstützung für die Werkstattsteuerung wünschenswert und möglich. Beispiele für Ansätze in diesem Bereich sind sogenannte "elektronische Leitstände".

Vor dem Hintergrund der hohen Anforderungen an Reaktionsvermögen und Flexibilität spielt der Mensch als Aufgabenträger im Bereich der Werkstattsteuerung auch in Zukunft eine wichtige Rolle. So hat die Analyse der Effizienzdaten auch gezeigt, daß die Auswahl einer anforderungsgerechten Organisationsform allein noch keine Garantie für eine effiziente Werkstattsteuerung darstellt. Vielmehr spielt das Verhalten der Organisationsmitglieder innerhalb des durch die Organisationsform vorgegeben Rahmens eine wesentliche Rolle für die Erreichung der Ziele der Werkstattsteuerung und damit für eine Verbesserung der Effizienz.

9. Literaturverzeichnis

ALDINGER, L.: Der elektronische Leitstand oder wie sieht der Leitstand im Jahre 2000 aus. In: Planung und Produktion, (1984)9, S. 19-22.

BAMBERG, G.; BAUR, F.: Statistik. München 1982.

BÄUMER, F.W.: Entwicklung einer Systematik zur vergleichenden Organisationsanalyse technischer Betriebsbereiche am Beispiel Lagerorganisation. Dissertation RWTH Aachen 1981.

BECHTE, W.: Methoden und Hilfsmittel der Durchlaufzeit- und Bestandsanalyse in Klein- und Mittelbetrieben. Berlin, Köln 1979.

BENDEICH, E.: Fertigungssteuerung mit Systemen der zentralen Arbeitsverteilung (ZAV). In: AV-Die Arbeitsvorbereitung, 11(1974)6, S. 167-172.

BENDEICH, E.: Informationsgestaltung bei zentralen Arbeitsverteilsystemen (ZAV). In: AV-Die Arbeitsvorbereitung, 12(1975)1, S. 14-17, zitiert als BENDEICH 1975/1.

BENDEICH, E.: Vergleich der organisatorischen Möglichkeiten zentraler Arbeitsverteilsysteme (ZAV). In: AV-Die Arbeitsvorbereitung, 12(1975)2, S. 46-48, zitiert als BENDEICH 1975/2.

BENDEICH, E.; DAUSER, R.: Organisationsformen der kurzfristigen Fertigungssteuerung.
Teil 1: Methoden der Arbeitsverteilung. In: AV-Die Arbeitsvorbereitung, 14(1977)6, S. 163-167.
Teil 2: Methoden der Rückmeldung. In: AV-Die Arbeitsvorbereitung, 15(1978)1, S. 5-10.

BLOHM, H.: Organisation, Information und Überwachung. Wiesbaden 1977.

BOCK, U.H.: Automatische Klassifikation. Göttingen 1974.

BRANKAMP, K.: Leitfaden zur Einführung einer Fertigungssteuerung. Essen 1979.

BRANKAMP, K.; GRÄSSLER, D.: Stand und Tendenzen von Fertigungssteuerungssystemen. In: AV-Die Arbeitsvorbereitung, 21(1984)2, S. 38-41.

BROHM, W.: Zur Einführung: Strukturprobleme der planenden Verwaltung. In: Juristische Schulung 17(1977), S. 500 ff.

BUSCHOLL, F.: Entwicklung und Erprobung eines Instrumentariums zur Ermittlung anforderungsgerechter und effizienter Organisationsstrukturen in Warenverteilzentren. Dissertation RWTH Aachen 1983.

DAUB, W.D.: Exakte Ist-Zeit-Messung und detaillierte Kostenkontrolle durch effiziente Produktionssteuerung. In: Praktische Fälle zur Produktionssteuerung, S. 177-189. Hrsg.: Ellinger, Th., Wildemann, H. Wiesbaden 1978.

ELLINGER, TH.; WILDEMANN, H.: Planung und Steuerung der Produktion. Wiesbaden 1978.

FESSMANN, K.D.: Organisatorische Effizienz in Unternehmungen und Unternehmensbereichen. Düsseldorf 1980.

GENTNER, R.: Systemmodelle zur kurzfristigen Fertigungssteuerung. Teil 1: Modellentwicklung. In: AV-Die Arbeitsvorbereitung, 19(1982)1, S. 14-16. Teil 2: Modellbeschreibung. In: AV-Die Arbeitsvorbereitung, 19(1982)2, S. 55-58.

GENTNER, R.: Anforderungen an ein Informationssystem zur kurzfristigen Fertigungssteuerung. In: FB/IE-Fortschrittliche Betriebsführung und Industrial Engineering, 32(1983)2, S. 99-105.

GERLACH, J.: Entwicklung von Gestaltungsrichtlinien für eine zentrale Auftragsabwicklung in Produktionsunternehmen. Dissertation RWTH Aachen 1983.

GROCHLA, E.: Einführung in die Organisationstheorie. Stuttgart 1978.

E.: Grundlagen der organisatorischen Gestaltung.
Stuttgart 1982.

RDT,E.; H.; .: Leitstandsysteme für die Fertigungsplanung und -steuerung.
In: REFA-nachrichten, 38(1985)1, S. 8-16.

ETRING- F.: Fertigungstypologie.
Berlin 1974.

: Messung der Effizienz von Entscheidungen.
Tübingen 1975.

N, R.: Rationalisierung heute - Die Wissenschaft sitzt nicht im Elfenbeinturm.
In: Industrie-Anzeiger, (1982)104, S. 34-35.

IN, R.: Produktionsplanung und -steuerung (PPS) - Ein Handbuch für die Betriebspraxis.
Düsseldorf 1984.

IN, R.: Einführung in die technische Ablauforganisation.
München, Wien 1985.

IN, R.; , TH.: Aufbau einer Datenbank für die Betriebsdatenerfassung und Werkstattsteuerung.
In: FB/IE - Fortschrittliche Betriebsführung und Industrial Engineering, 32(1983)2, S. 106-113.

IN, R.; , G.: Verfahren zur Beurteilung und Auswahl von Produktionsplanungs- und -steuerungssystemen.
In: ZwF - Zeitschrift für wirtschaftliche Fertigung, 78(1983)3, S. 137-143.

, R.; , H.; ER, T.; LER, W.: Die optimale Lenkung der Produktion.
München 1979, zitiert als HAMMER u.a. 1979.

NN, A.: Zum Problem der Effektivität der Organisation in einer Industrieunternehmung.
In: Der Betrieb, 26(1973)35, S. 1710-1716.

NN, J.: Organisationsmittel für die Terminplanung und -steuerung.
In: Handbuch der modernen Fertigung und Montage.
Hrsg.: Brankamp, K.
München 1975, S. 669-683.

W.; AUM, R.; H, P.: Organisationslehre, Band 1 und 2.
Bern, Stuttgart 1974.

JÜTTING, W.: Methode der wirtschaftlichen Gestaltung der auftragsbezogenen Arbeitsplanung in der Instandhaltung.
Dissertation RWTH Aachen 1985.

KACHELMANN: Arbeitsvorbereitung der Arbeitsvorbereitung.
In: Planung und Produktion, 29(1981)6, S. 4-6.

KIESER, A.; KUBICEK, H.: Organisation.
Berlin, New York 1983.

KOSIOL, E.: Organisation in der Unternehmung.
Wiesbaden 1966.

KUBICEK, H.: Empirische Organisationsforschung.
Stuttgart 1975.

LEY, W.: Entwicklung von Entscheidungshilfen zur Integration der Fertigungshilfsmitteldisposition in EDV-gestützte Produktionsplanungs- und -steuerungssysteme.
Dissertation RWTH Aachen 1984.

LIENERT, J.: Beitrag zur Verbesserung der Wirtschaftlichkeit EDV-gestützter Fertigungssteuerungssysteme durch Schwachstellenanalyse.
Berlin, New York 1981.

LOEWENHEIM, A.G.: Leitstand beschleunigt Auftragsbearbeitung.
In: VDI-Nachrichten, (1981)50, S. 6.

MAZUMDER, R.B.: Steuerzentrale für die Fertigungssteuerung.
In: Management-Zeitschrift Industrielle Organisation, 44(1975)12, S. 559-564.

MELLEROWICZ, K.: Allgemeine Betriebswirtschaftslehre.
Band 1, Berlin 1954.

MENSCH, M.: Umsatzsteigerung durch bessere Nutzung vorhandener Fertigungskapazitäten.
In: AV-Die Arbeitsvorbereitung, 19(1982)5, S. 155-157.

MENSCH, M.: Fertigungssteuerung mit Leitstand.
In: AV-Die Arbeitsvorbereitung, 20(1983)6, S. 178-180.

MENSCH, M.: Nutzwertprofil nicht quantifizierbarer Auswirkungen.
In: Industrie-Anzeiger, 106(1984)11, S. 18-19.

MÜLLER, P.: PPS für Klein- und Mittelbetriebe mit manuellen Mitteln. In: Planung und Produktion, (1982)4, S. 18-21.

NISSING, TH.; VIRNICH, M.: EDV-gestützte Werkstattsteuerung - Wunschkind und Stiefkind zugleich. In: AV-Die Arbeitsvorbereitung, 19(1982)3, S. 74-78.

PAFFENHOLZ, B.: Funktionsorientiertes Klassifikationsmodell zur quantitativen Analyse arbeitsorganisatorischer Strukturen unter besonderer Berücksichtigung von Fertigungsprozessen. Dissertation RWTH Aachen 1973.

PATER, J.: Computergestützte EDV-Systeme schrittweise einführen für Planung und Steuerung. In: Maschinenmarkt, 89(1983)28, S. 612-615.

PFOHL, H.C.: Problemorientierte Entscheidungsfindung in Organisationen. Berlin, New York 1977.

PIEPER, R.: Entwicklung von Entscheidungsrichtlinien zur Auswahl und Bewertung von Kommissionierungssystemen. Dissertation RWTH Aachen 1982.

RABUS, G.: Typologie zum überbetrieblichen Vergleich von Fertigungssteuerungsverfahren im Maschinenbau. Berlin, Heidelberg, New York 1980.

REFA (Hrsg.): Methodenlehre der Planung und Steuerung. Teil 1; zitiert als REFA MLPS Teil 1 1985. München 1985.

REFA (Hrsg.): Methodenlehre der Planung und Steuerung. Teil 2; zitiert als REFA MLPS Teil 3 1985. München 1985.

REFA(Hrsg.): Methodenlehre des Arbeitsstudiums. Teil 3; zitiert als REFA MLA Teil 3 1985. München 1985.

ROSCHMANN, K.: Leitstandsysteme für die Fertigungssteuerung. In: FB/IE-Fortschrittliche Betriebsführung und Industrial Engineering, 24(1975)6, S. 327-342.

ROSCHMANN, K.: Fertigungssteuerung - Einführung und Überblick. München, Wien 1980.

SACHS, L.: Angewandte Statistik.
Berlin, Heidelberg, New York 1984.

SCHÄFER, E.: Der Industriebetrieb.
Betriebswirtschaftslehre der Industrie auf typologischer Grundlage.
Band 1, Opladen 1969.
Band 2, Opladen 1971.

SCHMIDT, G.: Erhebungstechniken.
In: Handwörterbuch der Organisation.
Hrsg.: E. Grochla, Stuttgart 1969, Sp. 660-672.

SCHOMBURG, E.: Entwicklung eines betriebstypologischen Instrumentariums zur systematischen Ermittlung der Anforderungen an EDV-gestützte Produktionsplanungs- und steuerungssysteme im Maschinenbau.
Dissertation RWTH Aachen 1980.

SCHUCHARD-FICHER, C.: Multivariate Analysemethoden.
Berlin, Heidelberg, New York 1980.

SEEBER, H.: Erfahrungen mit einem interaktiven graphischen Leitstand zur BDE und Maschinenbelegung in der Großteilefertigung.
In: Tagungsunterlagen zur VDI-Fachtagung Betriebsdatenerfassung, 17./18.10.85, Düsseldorf.

SIEBIG, J.: Wirtschaftlichkeit ein relativer Begriff.
In: zfbf - Zeitschrift für betriebswirtschaftliche Forschung, 32(1980), S. 631.

SIMON, R.: Der Fertigungsleitstand in der Produktion Organisatorische Voraussetzungen und Einführungsprobleme.
Teil 1: Die theoretischen Anforderungen.
In: AV-Die Arbeitsvorbereitung, 17(1980)1, S. 10-13.
Teil 2: Bericht über Einsätze in der Praxis.
In: AV-Die Arbeitsvorbereitung, 17(1980)2, S. 53-56.
Teil 3: Einführung und Auswirkung.
In: AV-Die Arbeitsvorbereitung, 17(1980)3, S. 85-89.

SIMON, W.: Typisierung von Personal Computer Anwendern unter Einsatz der Clusteranalyse.
Diplomarbeit, Lehrstuhl und Institut für Arbeitswissenschaft, RWTH Aachen 1985.

SODEUR, W.: Empirische Verfahren zur Klassifikation.
Stuttgart 1974.

SPEITH, G.: Vorgehensweise zur Beurteilung und Auswahl von Produktionsplanungs- und -steuerungssystemen für Betriebe des Maschinenbaus. Dissertation RWTH Aachen 1982.

STAEHLE, W.H.: Deutschsprachige situative Ansätze in der Managementlehre. In: Wirtschaftswissenschaftliches Studium (1979)5, S. 218-222.

STARK, G.: Betriebsdatenerfassung und Arbeitszuordnung - dezentral am Arbeitsplatz. In: Tagungsunterlagen zur VDI-Fachtagung Betriebsdatenerfassung, 17./18.10.85, Düsseldorf.

STEINHAUSEN,D.; LANGER, K.: Clusteranalyse. Berlin, New York 1977.

STRACK, M.: Von der Meisterwirtschaft zur Werkstattsteuerung. In: Handelsblatt vom 19.6.1985, S. 24, zitiert als Strack 1985/1.

STRACK, M.: Der Leitstand als effiziente Form der Werkstattsteuerung. In: Industriebedarf (1985)8, S. 366-373, zitiert als Strack 1985/2.

STRACK, M.: Optimale Produktionssteuerung - Organisation, Wirtschaftlichkeit und Einführung konventioneller und EDV-gestützter Leitstände. Hrsg.: Hackstein, R., Reihe FIR-Leitfaden Köln 1986.

STREITFERDT, L.: Auftragsverteilung In: Handwörterbuch der Produktionswirtschaft, S. 211-221. Hrsg.: Kern, W.. Stuttgart 1979.

SÜSSENGUTH, W.: Software zur Fertigungssteuerung im werkstattnahen Bereich - Bericht von der Hannover-Messe 1985. In: ZwF - Zeitschrift für wirtschaftliche Fertigung, 80(1985)7, S. 296-300.

THOMAS, W.: Entwicklung und Erprobung einer Methode zur Bestimmung der Wirtschaftlichkeit organisatorischer Maßnahmen in der Fertigungssteuerung. Dissertation RWTH Aachen 1979.

THOMSON, J.-D.: Organizations in Action. New York 1967.

VOGEL, F.: Probleme und Verfahren der numerischen Klassifikation. Göttingen 1975.

WENZEL, H.; BAUMANNS, R.: Fertigungssteuerung mit Leitstand. In: Werkstatt und Betrieb, 111(1978)7, S. 453-456.

WIENDAHL, H.P.: Stand der Entwicklungstendenzen in der Fertigungssteuerung. In: Angewandte Arbeitswissenschaft, (1982)93, S. 3-14.

WIENDAHL, H.P.: Betrieborganisation für Ingenieure. München 1983.

WIENDAHL, H.P.: Erprobte Methoden zur Reduzierung von Durchlaufzeiten in der Produktion. In: Management - Zeitschrift Industrielle Organisation, 53(1984)9, S. 391-395.

WIENDAHL, H.P.: Von der belastungsorientierten Auftragsfreigabe zur durchlauforientierten Fertigungssteuerung. In: Praxis der belastungsorientierten Fertigungssteuerung (Tagungsbericht), S. 17-52. Hrsg.: Wiendahl, H.-P. Institut für Fabrikanlagen der Universität Hannover 1986.

WIESE, M.: Untersuchungen zur Beurteilung der Wirtschaftlichkeit EDV-gestützter Fertigungssteuerungssysteme im Bereich der Zeitwirtschaft - dargestellt an Fertigungsverhältnissen von Betrieben des Werkzeugmaschinenbaus mit Werkstattfertigung. Dissertation RWTH Aachen 1977.

WILDEMANN, H.: Werkstattsteuerung. In: RKW-Rationalisierungskuratorium der Deutschen Wirtschaft, Schriftreihe "Produktionsplanung und Steuerung", Merkblatt 8, S. 1-19 Eschborn 1982.

WOLLNIK, M.: Einflußgrößen der Organisation. In: Handwörterbuch der Organisation. Sp 592-613, Hrsg.: E. Grochla. Stuttgart 1969.

YAMANE, T.: Statistik. Band 1, Frankfurt 1976.

FIR-Forschung für die Praxis

Berichte aus dem Forschungsinstitut für Rationalisierung (FIR), Aachen, und dem Lehrstuhl und Institut für Arbeitswissenschaft (IAW) der Rheinisch-Westfälischen Technischen Hochschule Aachen.

Herausgeber: Prof. Dr. Ing. R. Hackstein

1 **Qualitätszirkel und andere Gruppenaktivitäten**
Von F. J. Heeg. ISBN 3-540-15498-1.
1985, 232 Seiten mit 45 Abbildungen und 17 Tabellen 63,- DM

2 **Planung und Auslegung von Palettenlagern**
Von P. Bauer. ISBN 3-540-15499-X.
1985, 148 Seiten mit 42 Abbildungen und 8 Tabellen 63,- DM

3 **Kennzahlen in der Distribution**
Von W. Konen. ISBN 3-540-15624-0.
1985, 150 Seiten mit 9 Abbildungen und 7 Tabellen 63,- DM

4 **Personalbedarf der Arbeitsplanung**
Von P. Bresser. ISBN 3-540-15625-9.
1985, 179 Seiten mit 65 Abbildungen und 6 Tabellen 63,- DM

5 **Analyse und Grobprojektierung von Logistik-Informationssystemen**
Von O. Gast. ISBN 3-540-15626-7.
1985, 187 Seiten mit 68 Abbildungen und 20 Tabellen 63,- DM

6 **Flexibilität in der Fertigung**
Von R. Grob. ISBN 3-540-16159-7.
1986, 158 Seiten mit 25 Abbildungen und 20 Tabellen 68,- DM

7 **Rechnergestützte Planung von Durchlaufregallagern**
Von E.-J. Ribbert. ISBN 3-540-16160-0.
1986, 154 Seiten mit 30 Abbildungen und 7 Tabellen 68,- DM

8 **Wirtschaftliche Arbeitsplanung in der Instandhaltung**
Von W. Jütting. ISBN 3-540-16701-3.
1986, 145 Seiten mit 40 Abbildungen 68,- DM

9 **Planung des Personalbedarfs in indirekten Bereichen**
Von K. Hemmers. ISBN 3-540-16702-1.
1986, 149 Seiten mit 73 Abbildungen 68,- DM

10 **Organisatorische Gestaltung einer zentralen Werkstattsteuerung**
Von M. Strack, ISBN 3-540-17570-9.
1987, 150 Seiten mit 48 Abbildungen 68,- DM